キマをうめる収納ルール

不留空隙的聰明收納

森之家——著

活用家中的縫隙與角落，將「貓設計」融入日常生活

回到家看到整齊的空間，
不由得感到非常開心。
即使是過了辛苦的一天，
一進門，心情就會放鬆下來。

在我家，
有四個收納原則。
那就是用「吊起來」、「立起來」、
「藏起來」、「融合在一起」，
聰明地把空隙填補起來
讓家變得整齊舒適。

或許有人會覺得
生活中必須遵守這些規則很麻煩，
但是只要整理好一次，
之後每一天的家事或整理，
都會變得非常輕鬆容易。

即使是從小小的空間開始
依照原則重新檢視收納方法，
就能感覺到每天的生活狀況
正在一點一滴地改變。

其實，我家裡養了三隻貓咪。
一個整齊的家，
不僅對人來說很舒服，
對貓咪來說，也是能夠安心居住的空間。

我這個人，比起減少東西
更想被喜歡的東西包圍著，
是一個有點怕麻煩的懶人。

對於這樣的我而言
先把房間整理好，
是為了減少堆積瑣碎家事所帶來的焦慮
不可或缺的事情。

各位，也請以收納為出發點
試著增加能感受到
「每日小確幸」的瞬間，
一起來試試看吧！

前言

我一直有個夢想，那就是擁有一個可以和貓咪一起快樂生活的美好居家。來到東京之後，我開始從事名為「網頁設計師」的工作，15年來待在一間破破的公寓裡，過著一個人的生活。平日工作到深夜或假日加班是常態，生活反而變成次要的事。每天回到家後就只有吃飯睡覺，日復一日。垃圾或塑膠袋堆在地上，房間裡到處都是雜物，看起來亂七八糟。因為衣服持續增加中，只好一直購入收納箱，然後不斷地把衣服移來移去。每次都以為我已經收拾好了，但總覺得整理前和整理後沒有什麼改變。

是的，我就是一個很不會收納的人。不過就算是這樣的我，竟然也結婚了。直到我搬到現在的家，回過神來才發現，我已經實現了曾經的夢想，和貓咪一起生活（而且還是三隻！）因此我從「想打造一個貓咪住得舒服的家」的想法開始，決定要認真學習收納，後來還取得了整理收納顧問的證照。在此同時，我也在老公的鼓勵下，開始試著在YouTube上傳影片。

我第一個公開的教學影片，是關於廚房流理檯下方的收納。第一次上傳的影片就獲得廣大迴響，點閱數很高，我對此非常感謝。透過YouTube，我重新檢視家中每一個令人在意的收納場所，再一點一滴去改善，持續發布改造家中空間的收納技巧。為了讓讀者能快速理解，我不停思考著「怎麼做才

能解決問題呢？」「怎麼樣能看起來更整齊舒適呢？」，融合了整理收納顧問的基本知識與網頁設計師的呈現手法，屬於我個人的獨特觀點就此逐漸彙整出來。

在我的 YouTube 影片裡，沒有複雜難懂的收納規則，最重視「讓人一眼就能看懂」的整理技巧。但是，光是用影片傳達這些知識，對於更深入的收納觀點或關於整理的本質等等，還有很多無法觸及的事，當時我只是籠統地想著「如果有一天能把我對整理收納的看法，完整傳達給大家就好了。」就在那個時候，有人和我洽談出書的事。

本書中提到的「收納4大守則」，是從我進行收納活動以來，多年累積下來的獨門祕訣之中再嚴選出來的技巧。本書中還收錄了網路上沒有公開過的收納實例，以附上詳細照片的方式來解說。由於我家是一般住宅，收納的空間並不大；另外，我使用了許多49元商店、無印良品、宜得利以及ＩＫＥＡ的平價用品，任何人都可以直接模仿或複製。曾經對收納很不擅長的我，也能抓到整理訣竅，實現井井有條的居家環境。畢竟收納是每個人都會用到的技巧，若能夠及早學會，就能成為一生都能派上用場的寶貴資產。

這本書，如果能讓平常懶得動手的人開始整理，或是讓平常不擅長收拾的人有所啟發，那我會感到十分開心。

森之家

CONTENTS

CHAPTER 1

整理收納的步驟

CHAPTER 2

森之家的收納4大守則

CHAPTER

3 森之家的收納實例

CHAPTER

4 小空間的重點收納

CHAPTER

5

質感空間改造攻略

CHAPTER

6

打造與貓咪一起生活的家

COLUMN

※本書所刊載的資訊是2022年2月時的資料。各品牌所販售商品的樣式皆有變更或改版的可能，部分商品為日本限定，台灣無販售。

※關於在本書中所介紹的收納用品、家具的使用方法，全部都是由作者本人所發想的方法。

※在執行本書的收納方法時，請務必確認建築物的構造或性質，並仔細閱讀商品的注意事項，避免家中物品受到損傷。

※關於上述事項，若造成不便之處，敬請見諒。

森之家的房屋格局

屋齡6年的獨棟建築，格局為4房2廳1衛（＋儲藏室）。
兩層樓，1樓是客廳，2樓是夫妻各自的空間和臥室。
買房時原本所附的家具收納空間不足，因此我另外做了各式各樣的設計。

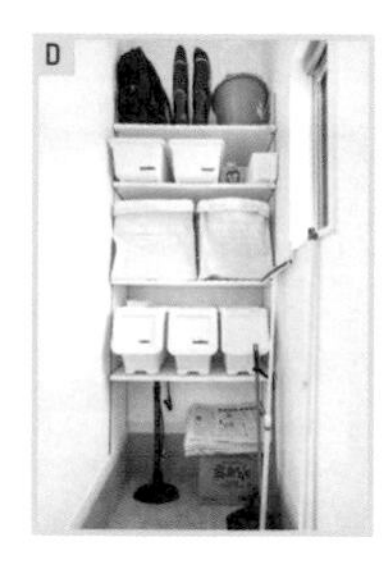

P69

→ P66

→ P56

→ P57

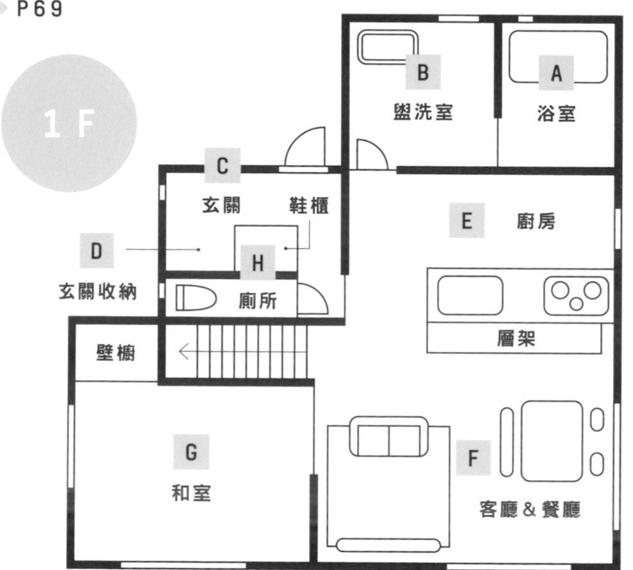

→ P38

原本的建物設計，廚房和客廳所附的收納空間不大，因此我活用隔壁和室的壁櫥來存放物品。由於家中有養貓，有客人來訪或外出時，為了避免貓咪跑出去，客廳和玄關之間的門基本上是關著的。

→ P50

→ P70

→ P64

PROFILE

森之家

在2017年搬入建商新蓋好的獨棟建築。雖然入住後半年都沒有大肆整理，只是每天一點一滴地執行一些簡單的收納工作，家的樣子也逐漸成型。現在家中不僅接近理想的狀態，也大大減輕了家事負擔。

格局：4房2廳1衛（自有房產）
家人：老公和3隻貓咪

MY CATS

MOKO

公．2015年4月左右出生的東奇尼貓。乍看之下很酷，怕生，是愛向家人撒嬌的小孩。

HANA

母．2018年4月左右出生。像穿白色襪子的小腳是她迷人的特點。親人不怕生，好奇心旺盛。

SORA

公．2018年8月左右出生。出生大約2週的時候，在家附近喵喵叫個不停時，被我們收養了。

➡ P82

2 樓有臥房和夫婦各自的房間，每個房間都有高達天花板的頂天收納櫃。為了避免貓咪們跑進老公的房間、儲藏室和陽台，在走廊 DIY 做了防止貓進入的門。

➡ P76

➡ P72

CHAPTER 1

整理收納的步驟

如果發現無法立刻找到某樣東西，
或是要拿出某樣物品被什麼卡住的時候，
當你對這些不順手開始有點在意，
就是重新檢視收納的最佳時機。
動手收拾家中物品所花費的心力，
和這些平常的不方便所造成的壓力相比，
當後者變得比較大的時候，
別猶豫，請試著改善收納方法吧。
本章會介紹我每日都在執行的整理步驟。

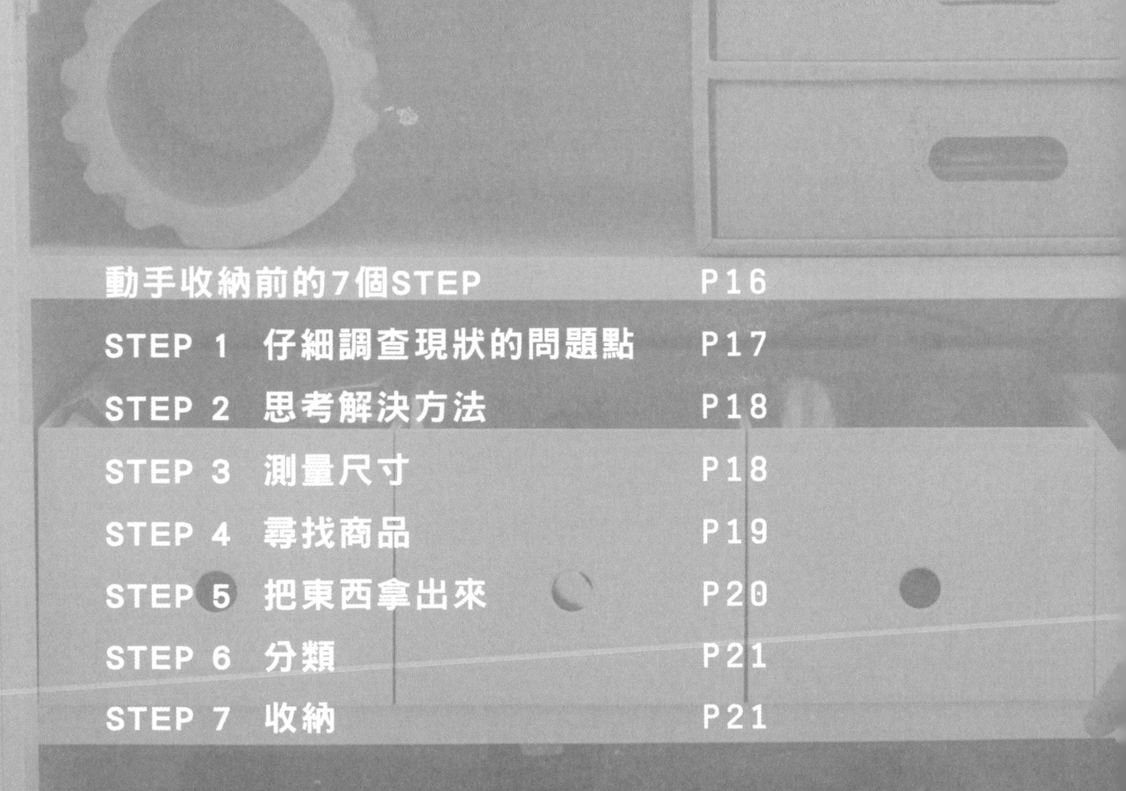

整齊舒適不是一天造成的。從想像美好的樣貌開始第一步

動手收納前的7個STEP

重新檢視家中收納，需要耗費時間與精力，
不要一開始就覺得麻煩，請以輕鬆的心情開始。
只要先構思大方向與擬訂計畫，
未來的每一天生活就會越來越舒適。
雖然依照每個人家中的房間、尺寸與目的，
整理的細節情況會多少有所不同，
大致上皆可分成7個步驟，逐步進行改善。

1 仔細調查現狀的問題

首先確認現有的收納用品，尺寸是否合用呢？是不是將所有種類全部胡亂混在一起呢？什麼是困擾的根源呢？試著重新檢視並確認清楚。

2 思考解決方法

為了解決目前的困擾，什麼樣的收納方法或用品最適合你？你理想的狀態是什麼樣的樣貌呢？動手整理之前，請務必先靜下來花時間思考一下。

3 測量尺寸

雖然更大的收納箱能裝進更多物品，但事實上最理想的收納尺寸，就是「剛剛好」的尺寸。購買收納用品之前，請先測量想放置的物品尺寸。

4 找商品

「內容物適合展示嗎？還是要藏起來呢？」「需要抽屜嗎？」「直長的資料夾放得下嗎？」等等，配合個人需求，去實體商店或網路上選擇商品。

5 把東西拿出來

為了掌握收納物品的全貌，請先將東西全部拿出來檢視。趁此機會，如果有不要的東西，就是狠下心來丟棄的機會。

6 分類

在同一個地方，請盡量收納相同種類或尺寸的東西。依照舊有的收納方式是否可行？還是要換一種收納？請在此試著再思考一下吧。

7 收納

再次檢視放在收納工具中已分類好的物品，檢查是否容易取出或是有沒有保持平衡等等。一點一點地逐步調整、不斷地加強改善也很重要。

STEP 1

仔細調查現狀的問題點

在重新檢視收納或是真正動手整理之前，不要急著購買商品，而是先把這些事項搞清楚——「為什麼想要重新檢視收納狀況呢？」「日常生活中，對哪些部分感到有壓力呢？」例如，「每次從抽屜裡拿出筆記本的時候，總是會卡住，很難拿」、「冰箱裡醬料軟管瓶子東倒西歪，找的時候很浪費時間」諸如此類的煩惱，把困擾的重點用文字寫下來。「雖然不是很清楚，但總覺得很不方便」的時候，想像一下未來理想收納的模樣，試著從不足的點來思考，就能改善現狀。

例如

這個櫃子最大的問題點，就是把書全部疊在一起，所以每次要找書或是要拿出來都很辛苦。

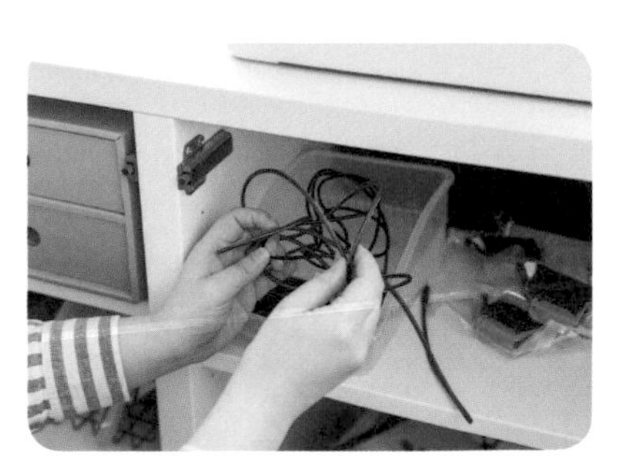

把很多條充電線放在同一個地方，不知不覺中全部纏繞在一起，需要的時候很難找到正確的線材。

STEP 2

思考解決方法

找出困擾的問題點之後，就要思考該怎麼做才能解決呢？雖然這聽起來是理所當然的事情，但實際上也不少人會跳過這個步驟，就直接去買收納商品了，但這麼做並無法解決困擾，最後往往會變成「反正什麼都丟進去就好的收納」，看不見物品就好。請仔細思考，「書平放著會不好拿，要改成立起來的收納」、「電線如果纏在一起，要用可以把電線分開的工具」……像這樣考量每個問題點的解決方案，再去找最適合的東西。

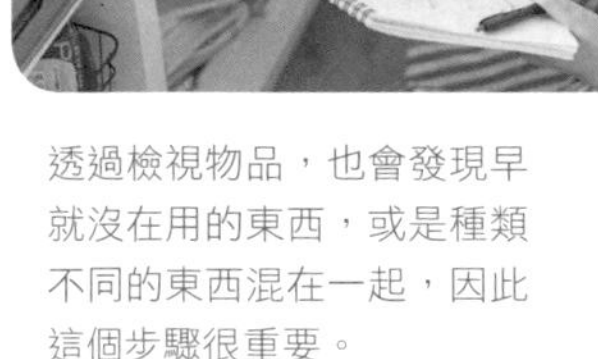

透過檢視物品，也會發現早就沒在用的東西，或是種類不同的東西混在一起，因此這個步驟很重要。

比起只在腦子裡思考，畫在紙上更能具體呈現解決對策，進一步得知必須購入哪些物品。

STEP 3

測量尺寸

在重新檢視、思考改善方式時，最理想的目標是「尺寸剛剛好」。為了徹底達成這個目標，必須測量所有東西的尺寸，就連放在冰箱裡的芥末醬軟管瓶也要測量。也許你會覺得麻煩，但是如果省略了這個步驟，最糟糕的情況就是買回家的收納用品的尺寸不合，最後就會變成沒用的東西，反而造成浪費。收納的基本是「測量」，沒有什麼事比這件事更重要。

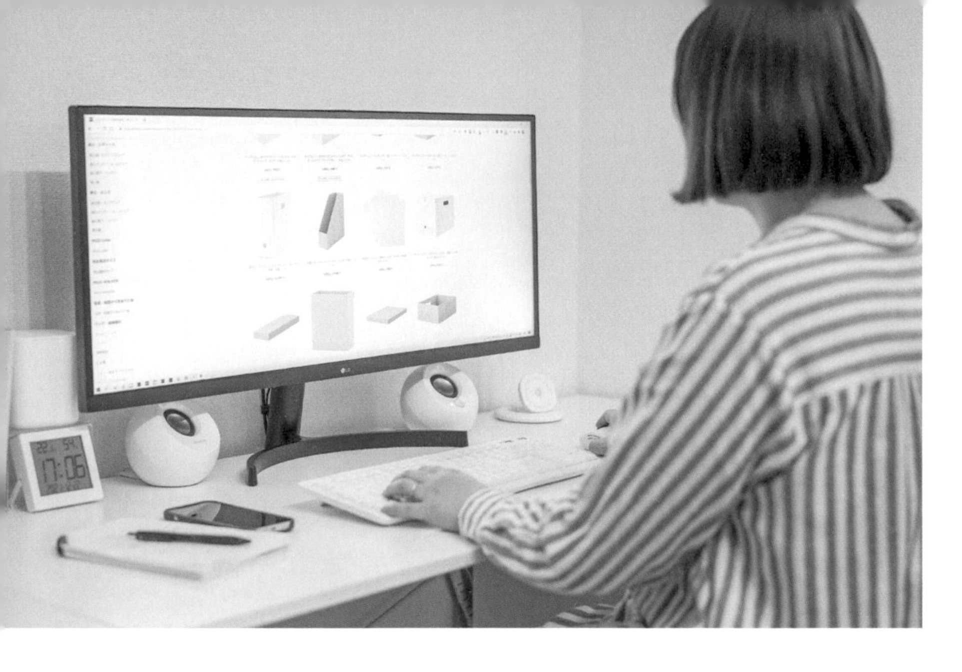

STEP 4

尋找商品

搞清楚收納的問題點、解決方式以及物品的尺寸後，終於要挑選商品了。我首先會在 IKEA、無印良品、宜得利、49 元商店等生活用品店或網路上找看看。想要確認摸起來的觸感或質感時，就去實體店裡瞧瞧；想和家裡現有的收納或家具互相比較的話，就看看網路上的圖片。不管是想要分開使用或合併使用，在這個步驟要多花一些時間。尤其當你要花大筆金額購買東西時，一定要多方比較、好好斟酌，請一邊期待家中未來的美好樣貌，一邊慎重挑選吧！

將喜歡的商品列表，方便比較優缺點。也可以使用手機裡的備忘錄功能。

物品挑選的 POINT

- 收納的不二法則是測量，尺寸剛剛好很重要。
- 喜歡的商品，就加進「我的最愛」清單。
- 外觀很重要，請務必確認一下顏色和質感。

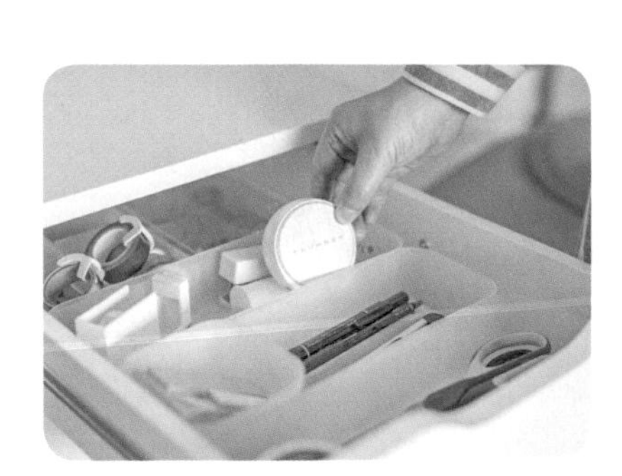

為了在想測量的時候馬上就能執行，在包包或抽屜裡都放著測量工具。

藉由清空物品，思考最適合的收納工具，
腦海中不知不覺就會浮現出正確答案。

STEP 5

把東西拿出來

購入適用的收納工具後，終於要幫物品搬新家了。把有問題的東西全部拿出來，按照一眼就能辨識出內容物的方式排列好。如果有讓你覺得「這個原來放在這裡啊」、「早就沒在用了」的東西，就在這個時間點和它說再見，這也是整理的訣竅之一。即使不是大規模地重新整理，只要像這樣子偶爾看看裡面的東西、稍作檢查，就能預防買太多或重複購買。

會在相同場合使用的東西，盡量集中放置
或分成同一個群組，做好收納前的分類。

STEP 7

收納

到了這個步驟，就快要完成了。把分類後決定為「會用」、「移動」的東西，收到新的收納工具中。只要有確實測量尺寸再挑選商品，一邊收拾、一邊就能感受到尺寸剛剛好的舒適感。將每一個收納箱、抽屜都整理好之後，接下來還要處理櫃子以及房間整體的收納。請按照大致決定好的想像畫面來排列物品，試試看是否容易拿取。放好物品並不是最後的終點，而是新的一步，未來仍舊可以一邊使用、一邊改善放置的方法。

只要用相同顏色或質感，視覺上就會有一致性，給人整齊舒適的印象。聰明活用不同的尺寸，看起來會更有變化。

需丟棄物品的

MY RULE

- 一年以上沒用過的東西，或是忘記有它存在的東西。
- 改變生活型態之後，使用率降低的東西。
- 覺得自己一年之後也不會用到的東西。

STEP 6

分類

準備好寫了「會用」、「不用」、「移動」的紙張，把東西依照以後還「會用」、已經「不用」、要「移動」到別的場所，來做最後的分類篩選。難得重新整理，正是重新訂定收納規則的時機。在這個階段，是再次停下來思考是否還有必要保留的機會。什麼東西是再也用不到的呢？這會依每個人生活型態或不同的人生階段而改變，請想像一下現在的日子或未來的生活吧。

CHAPTER 2

森之家的
收納4大守則

如果能確實做好家中收納，
就能提升家事的效率與速度。
我會配合房間用途、收納空間
以及使用目的來改變收納方法。
其中我最重視的大原則——
「吊起來」、「立起來」、「藏起來」、「融合在一起」
把這4個原則牢記在心，藉由填補空隙，
一定能感覺到整理前後的變化。

將爐子周邊物品都吊起來，
看起來就清爽整潔

平底鍋與各種爐具用品，每天洗好後吊掛起來，就不會產生水垢與油垢。養成習慣之後，每天只要花一點點時間就能完成，大掃除時的整理也變得相對輕鬆。這麼做，也可以讓爐子更容易清理。

STORAGE RULE 1

吊起來

這個技巧，主要使用在有水龍頭的廚房或浴室，以減少每日清潔的程序。因為每天都很忙碌，在做完和水相關的清潔工作後，常常沒有心力去仔細將物品擦乾，或是要將物品晾乾。在這樣的場所，只要活用「吊掛式」收納，洗完後將物品掛在固定的位置，就這樣放著不用管它，自己就會乾了，輕鬆保持乾爽的狀態。

「吊掛式」收納還有另一個優點，就是能節省空間。不會佔用抽屜或櫃子上面的空間，掛在原本什麼都沒有的半空中，或是吊在牆壁上，就能有效活用空間，收回和拿取又容易，是非常好用的技巧。

使用磁吸式肥皂架
避免肥皂黏黏滑滑

一般的放置式肥皂盒，瀝出來的水會堆積在皂盒裡，使用起來黏黏滑滑手感差，如果改用磁吸式肥皂架就能解決這個困擾。因為一拉就能拿取，放回去就會緊緊吸住，每次使用的時候，都能感受到不黏膩的爽快感。

吊掛式收納容易拿取
家事效率當然大幅提高

「吊起來」收納的重點

- 用於容易有水氣或濕濕黏黏的場所。
- 吊掛起來的物品要統一色系。
- 吊著、掛著、黏著都OK。

自己組裝好用的壁掛收納板

在49元商店、宜得利等生活用品店都可以買到上圖中的洞洞板以及相關零件，可自己組裝出壁掛收納板。設置在清潔劑或打掃用具的放置處，將用品吊起來、掛起來，活用各式各樣的「吊起來」技巧。

吊起來

STORAGE RULE_1

吊起來的方法也五花八門 配合物品做出最佳選擇

容易佔空間的浴缸蓋 用磁吸式收納固定在牆上

日本人有泡澡的習慣，會使用具有保溫功能的浴缸蓋。大部分家庭會將浴缸蓋直立放置在浴室牆邊，但這麼做很容易形成水垢。只要在牆上裝設強力磁吸架，將蓋板懸掛在半空中，很快就會乾了。使用與浴室風格相同的白色，看起來十分整潔舒爽。

收電線很麻煩的吹風機 掛在牆上超方便

網路商店可以購買到將吹風機固定在牆上的壁掛架，將吹風機吊起來，從此不用收拾總是纏繞在一起的電線。選擇黏貼在牆壁上的背膠款式，可以輕鬆裝設在各種場所。

有效活用收納的空隙 小空間也不放過

許多人都會在流理檯水槽下方或爐子下方放置物品，利用空出來的上方空隙，架上伸縮桿，就能創造出更多收納空間。可以疊起來放的不銹鋼碗，如果放在這裡，因為容易拿取，可避免放在高處時拿取導致的腰痛。

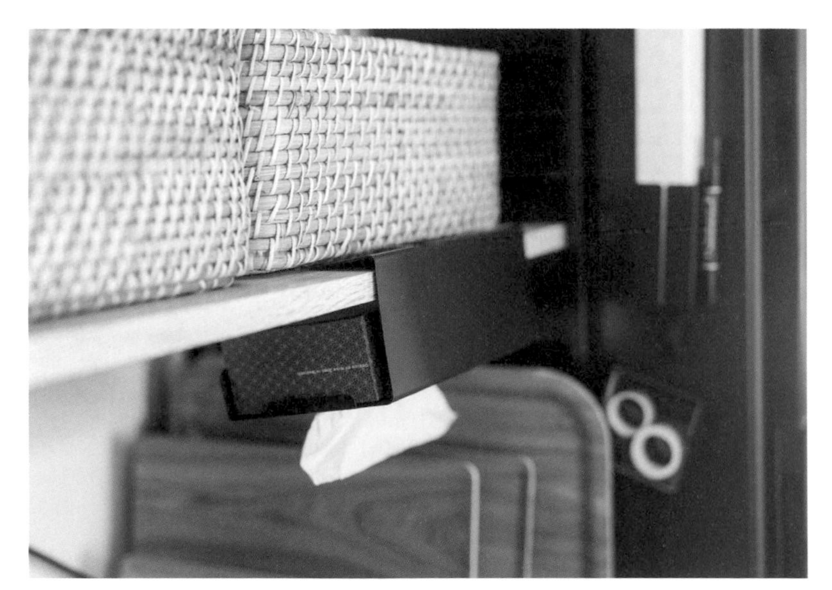

面紙盒吊起來 牢牢固定又美觀

將網路商店購買的壁掛式面紙盒固定在層板下，讓面紙浮在半空中，不僅節省了空間，也因為能牢牢固定住，取放都很順手。為了能讓顏色融入空間而選了黑色。

菜瓜布吊起來 讓流理檯的排水效果更好

廚房流理檯的海綿菜瓜布，總是會不小心掉進流理檯裡，濕濕滑滑的令人好在意。如果使用附吸盤的海綿架，毫不費力就能將海綿固定在流理檯的邊角，也很容易排除水氣。

立起來

STORAGE RULE 2

立起來的話就容易找
拿取收回都輕鬆

薄型物品或細長物品密集的地點，最適合「立起來」收納。主要使用在廚房，例如，盤子、鍋子和刀叉湯匙等餐具，將這些東西立起來放，就會變得好收易拿。因為凡是薄薄一片的物品，只要重複疊放，不僅下面

「立起來」收納的重點

- 針對薄型物品或細長物品的收納。
- 購買尺寸或材質合用的商品。
- 確認是否容易取出。

廚房砧板立正站好
就能常保乾爽

關於砧板，我會配合要切的物品準備數個尺寸。如果全部疊在一起收納，就會變得溼溼黏黏的，所以要立起來，盡量和空氣接觸。洗好之後立刻放好，防止細菌繁殖。

趕時間的忙碌早晨
也能快速取用

和餐櫥櫃很相配的木製盤子收納架，是在49元商店買的。為了能和空下來的空間尺寸吻合而做了詳細測量，並排放置了兩個。這樣收納每天用餐時間頻繁使用的餐盤，可以毫無阻礙地迅速拿出來。

的東西不容易看到，而且也很難拿出來，如果用「書本」來想像就能立刻理解了。只要將原本平放的物品改為立起來放，不論從上面或側面看，內容物都能一目瞭然，能夠立即掌握數量或種類。

「看得到內容物」是收納技巧中非常重要的事，可以提醒自己是否需要添購物品或是避免囤積。不僅餐具適用此收納法，若能擴大活用在食物調理包、常備菜的製作以及衣服等，就能時時提醒自己是否擁有過多物品。

刀叉湯匙
如果很短也可以立起來

刀叉湯匙類的餐具種類繁多，如果不先做出間隔、分類放好，每次要拿的時候都要花時間找。許多人習慣平放著，但如果長度較短，也可以立起來收納。圖中是使用49元商店的分隔格子用品。

活用可調整尺寸的
分隔用品

如果將鍋子重疊擺放，放在下面的鍋子就很難拿出來，改為立著放就能一目瞭然。收納用品是在宜得利挑選的，是一個可調整間隔位置與寬度的架子。如果是把手可以取下來的鍋子，收納就更輕鬆了。

藏起來

STORAGE RULE 3

「藏起來」收納的重點

- 針對看起來瑣碎繁多的物品。
- 放入具有一致性的收納箱。
- 為了容易取出，收納前要進行分類。

看起來顯得凌亂的東西要藏起來變成「不存在」

「藏起來」收納法，也許會是登場頻率最高的。相對於內容物一看就清楚的「吊起來」、「立起來」，這個收納法是以看不到東西為目的。什麼東西最適合「藏起來」收納呢？那就是文件、消耗品，以及任何顏色很華麗的東西。

容易四處散亂的貓咪用品全部放進收納箱裡

貓咪的玩具或梳毛用品，大部分都是顏色或花紋很顯眼的東西，所以就收到和電視櫃顏色相近的宜得利木製收納箱裡。因為是把手有挖洞的款式，容易拿出來。

大容量的組合層架
藏起雜亂又具有展示功能

夫妻共用的文具、文件等消耗品，統一收納在無印良品的自由組合層架中。雖然大容量可放入多種物品，但還是要搭配使用抽屜、收納箱或置物籃，才能完美實現將雜物隱藏在內又容易拿取的目標。

＼ **藏在抽屜裡** ／

筆或剪刀等文具類因為容易顯得凌亂，所以藏起來收納。抽屜裡面放入有分隔板的格子盒。

生活中，哪些東西有存在的必要，但希望盡量不要被看見呢？保險單、存摺、指甲刀、挖耳勺等等，我們常常在客廳裡隨手一丟的東西，很多列舉不完的雜物。如果把這些東西都放在看得到的地方，就會給人雜亂繁多的印象，不管怎麼努力都無法擁有整齊清爽的空間。既然如此，把這些雜物藏到有一致性的置物箱或收納工具中，讓這些物品變得不存在就好了。但是，為了要能容易拿出來，收納時的內容物也要注意，別忘了要先做好分類。

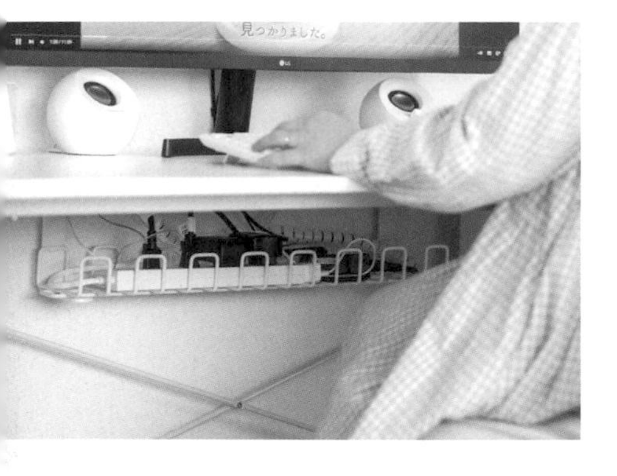

難以收拾的電線類
整理好藏在桌子下方

電腦周邊的電線很多，為了避免裸露在桌上或地板上，使用網路上購買的延長線收納盒。將延長線與電線都藏在桌子下，清掃地板也變得輕鬆多了。

減少顏色的數量就有融合感 打造簡潔乾淨的氛圍

「融合在一起」，是將收納物品的顏色、形狀或質感配合房間的氛圍，自然地融入其中。最簡單的方法，就是選擇和房間牆面或門板顏色相配的收納用品。之所以要這麼做，是因為眼睛所看到的顏色越多，就越會給人散亂的印象。因此，決定好主要使用的色系之後，房間裡全體所使用的顏色要控制在3色以內，新購入的收納用品也選用相

配合空間主色系
選擇物品的顏色

毛巾是每天要用的東西，會頻繁地映入眼簾，所以要選即使看得到也會自然融入空間的顏色。只要顏色統一，看起來就整齊舒適。

越有生活感的東西，
存在感要越小

牆壁或窗簾是白色、地板是榻榻米的和室，家電也要用白色來統一。如果這裡用黑色或華麗的顏色，會顯得十分突兀，這個小地方請特別留意。越是有生活感的東西，選色越要小心。

正因為是東西雜又多的場所
顏色與大小更要統一

各式各樣的清潔劑與打掃用具，色彩繽紛的外包裝容易給人雜亂的印象。統一放入設計簡約的整理置物箱中，貼上自製的標籤，看起來就變整齊了。

同的顏色，自然就會和空間融合在一起。

這個收納絕招，建議與目前為止介紹的前三個方法合併使用。否則，即使使用了「吊起來」、「立起來」、「藏起來」收納，卻使用了五顏六色的商品，無法與室內現有家具融合在一起的話，就會顯得格格不入。

STORAGE RULE 4

融合在一起

越是寬敞的場所收納用品越重要

像壁櫥或食品櫃這樣寬敞的儲存空間，不知不覺中就會塞進很多的東西，容易變得雜亂。因此請盡量統一收納工具的顏色、尺寸與材質，就能打造出乾淨俐落的印象。

「融合在一起」收納的重點

- 配合這個房間的主要顏色。
- 統一顏色或寬度來維持視覺上的一致性。
- 房間裡的顏色數量控制在3色以內。

1 思考收納點子時的實用好工具

生活中時常會有靈光乍現的時刻，為了不讓這些收納靈感溜走，這裡介紹我推薦使用的創意用品。

從每一天的生活中得到靈感 改善家中的所有「不順手」

把平常會使用的工具放在方便取得的場所，隨時記錄日常生活的發現。不放過家裡的每一個問題點，就能發想出新的創意。

什麼都試著量量看

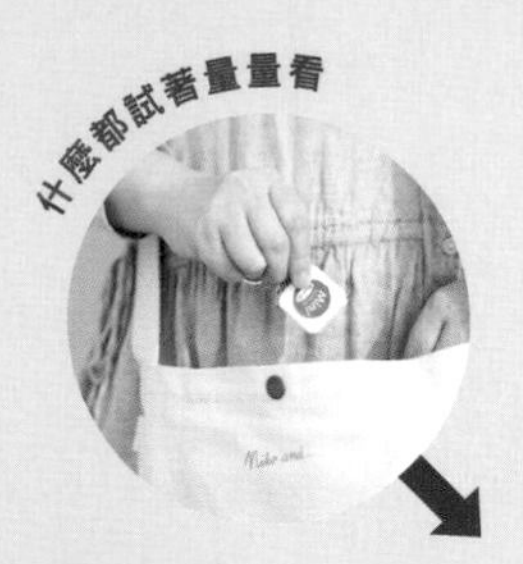

藉由測量 實現「尺寸剛剛好」

從最小巧的長度1公尺到最大5公尺，我一共擁有4種量尺。柔軟的布尺便於測量彎曲的弧度，金屬製量尺使用起來方便，我的手邊總是會準備好量尺。

量尺

1

2

筆

透過書寫，靈感就會湧現

突然想到一個好點子！
趕快拿筆記下來

養成把「突然想到的事」寫下來的習慣。回過頭再重新看的話，或許就能成為收納等方面意想不到的提示！我特別喜歡筆觸流暢的細字筆芯。

3

筆記本

獨創的愛貓圖案♪

什麼都寫在筆記本上
就會誕生下一個創意

將想要重新檢視的場所記錄下來，寫下櫃子尺寸、家具或家電資料等等。除了寫字，我也常常會把收納點子用繪圖的方式呈現，因此全白的筆記本是我的寶貝。

4

智慧型手機

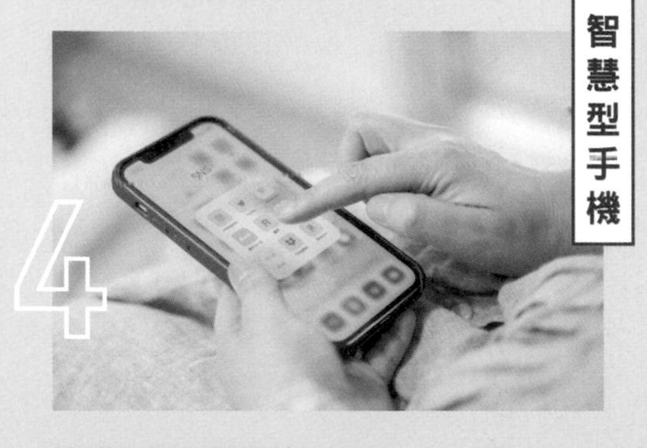

聰明利用社群網站APP

對於社群網站或網路上的資訊收集、拍攝收納或打掃前後差異的照片，就要使用到智慧型手機。我也會參考日本的「Hello」或「トリセツ（Torisetsu）」之類的收納APP。

我愛用的手機皮套

5

耳機

配合不同的工作來選曲

用喜歡的音樂振奮心情，
效率也會提高

每天早上打掃或工作時，會一邊聽音樂一邊做事。在家裡我只會戴單邊耳機，以便能聽到貓咪的聲音。

CHAPTER 3

森之家的 收納實例

前兩個章節詳細解說了
如何著手進行整理收納，
以及適用於各場所的聰明絕招。
接下來，我會進一步用圖文實例呈現，
配合家中不同的空間或用途，
我是怎麼活用各種收納技巧的呢？
為了讓大家一看就懂，
每個細節我都拍了實景圖詳細介紹，
請務必參考看看。

廚房 KITCHEN

「吊起來」、「立起來」、「融合在一起」收納技巧大放異彩的廚房

廚房是我每天會頻繁使用的場所，所以我特別用心做好廚房收納。我的目標是讓外觀看起來整齊舒適，常用的東西要容易取出，收拾整理也要省時省力。

流理檯周邊為了防止水垢和產生黴菌，活用「吊起來」或「立起來」的收納。打掃工具或垃圾袋等用品，因為形狀五花八門，看起來十分雜亂，統一放在流理檯下方，連小小的空隙都不留，全部徹底活用，並且維持一眼就能看清楚內容物的狀態。大容量的餐櫥櫃裡放了平常使用頻率高的餐具，廚房棚架上是備用抹布、量杯等較少用的器具，配合物品的高度或深度來收納。另外，冰箱中也活用分隔板，力求一眼看清內容物是什麼，每個細節都充滿巧思。

Mori's COMMENT

雖然我擅長收納，但其實我不太會做菜。有時候我的確會因為料理而感到開心，但是如果這變成我每天都要做的常態性工作，就會讓我有壓力。因此，我把廚房打造成一個無壓環境，藉由改善收納來減輕負擔。現在我已經成功將廚房調整成能夠配合自己習慣的狀態，所以每天都能輕鬆無壓力地站在廚房。

以白色為基調，避免色彩相互干擾擺放的物品維持最小限度

配合流理檯檯面和水槽，抹布和海綿等工具統一使用白色和灰色。流理檯水槽裡不放許多家庭都會有的三角置物盒或瀝水架，打掃起來會變得輕鬆許多，可常保乾淨。

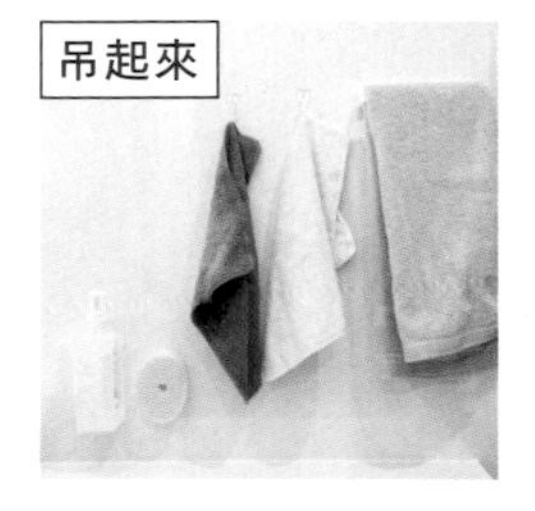

毛巾、抹布類吊起來就容易拿取

如果毛巾掛在流理檯前面的毛巾架，每次開關抽屜的時候都會夾到，所以全部吊在牆壁上，並分為擦手、擦盤子和擦流理檯的三種毛巾。

將海綿吊起來完美去除水氣

把流理檯水槽原本附加的置物架拆掉，改用49元商店找到的海綿架。除了吸盤式，也有黏貼型的款式可供選擇。

即使放在顯眼的地方使用白色就整齊舒適

我是砧板架的愛用者。濕濕的砧板不會直接接觸到檯面，可以快速晾乾又比較衛生。砧板和砧板架都刻意選擇白色，即使一直放在流理檯上不收，也會和周圍的環境融合在一起，不會顯得突兀。

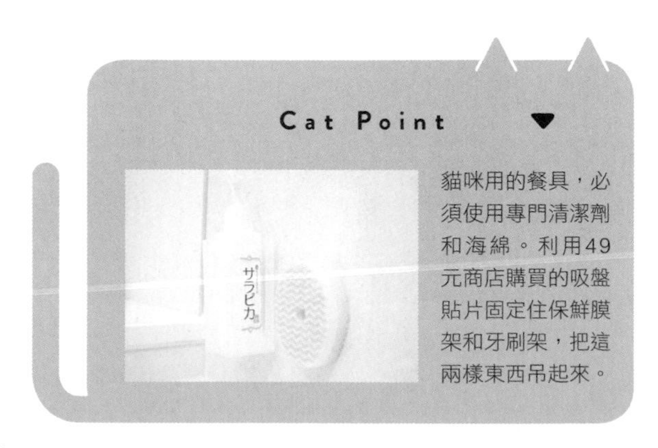

貓咪用的餐具，必須使用專門清潔劑和海綿。利用49元商店購買的吸盤貼片固定住保鮮膜架和牙刷架，把這兩樣東西吊起來。

我家是中島廚房的格局，因為往客廳和廚房兩個方向敞開，容易給人東西很多的雜亂印象。正因如此，更是要決定好每一樣東西的固定位置。

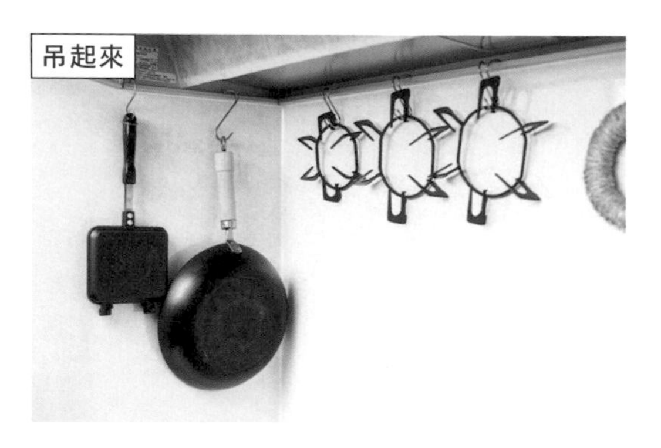

吊在抽油煙機排煙罩上的展示型收納

在抽油煙機排煙罩的溝槽中掛上掛勾，吊上鍋具和爐具用品。如果抽油煙機沒有適合放掛鉤的溝槽，可以改用磁吸型的掛勾。

廚房門板後方是IKEA的塑膠袋收納筒

這個收納筒的開口很多，從上面或側面都可以輕鬆取放。使用過的購物袋或塑膠袋，即使不用費心折整齊也可隨意塞入。

很深的抽屜裡適合放有高度的東西

爐子旁的深抽屜，用來收納酒瓶、醬油瓶或義大利麵等有高度的東西。可以密閉保存的義大利麵容器，是在49元商店買的。

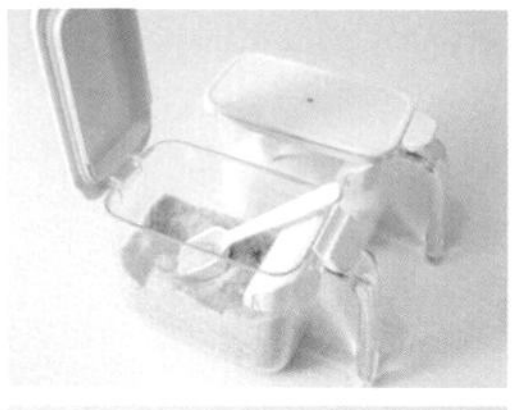

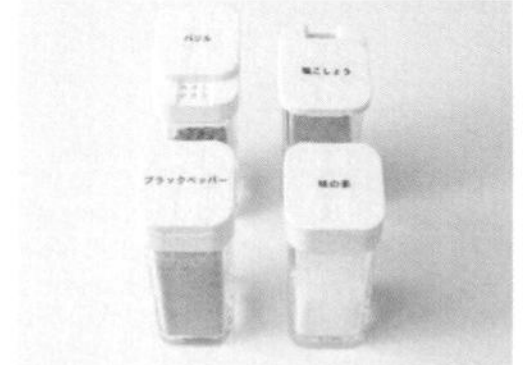

重複使用的補充瓶要統一顏色，具有一致性

補充用的容器雖然以外觀和便利性為優先，而且都購自不同的廠牌，但刻意選擇白色蓋子＆透明容器的款式。裝岩鹽的品牌是貝印，裝芝麻的是購自49元商店（左上）、砂糖和鹽是MARNA（右上），高湯粉類是宜得利（右下），辛香調料類是tower（左下）。

不管是瓦斯爐周邊的檯面還是牆壁或地板，全都十分整齊清爽。鍋具和爐具用品一律吊掛起來，烹飪時會用到的調味料和料理筷等器具放在抽屜裡。不鋪廚房地墊，地板髒了就立刻擦乾淨。正因為是容易溼溼黏黏的場所，更不要放太多東西。

充分活用深度與高度

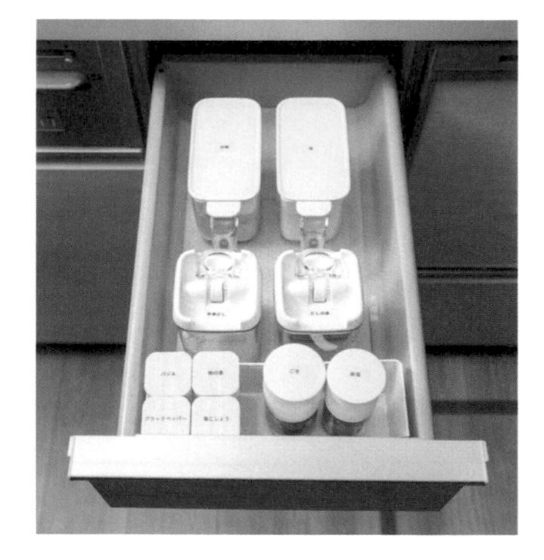

淺的抽屜放粒狀或粉狀的調味料。因為抽屜前側和洗碗機很靠近，我曾有過蒸氣讓高湯粉溶化的經驗，所以放在有密封膠條的容器中。在蓋子上貼上寫著品名的標籤貼紙，底部貼上保存期限以方便管理。

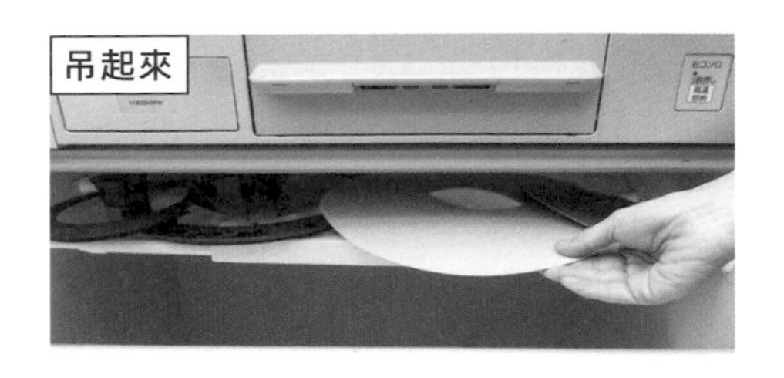

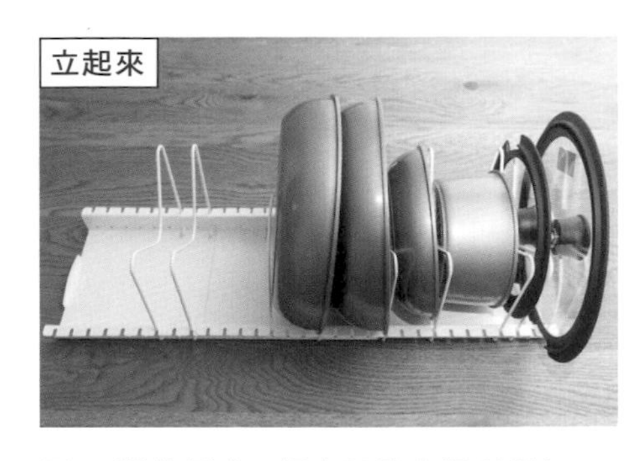

B 活用爐子下方的扁平式空間

爐子下方的抽屜打開後，上面還留有一點點空間。在這個扁平式空間用49元商店的伸縮棒製作吊起來的棚架，將不容易立起來收納的柔軟矽膠製鍋蓋平放在這裡。

A 可調整長度！超方便的宜得利鍋架

鍋子和鍋蓋一律收納在可調整長度的宜得利鍋架。間隔距離也可以調整，因此不會倒塌，還能從正上方看到全貌。如果是把手可拆式的鍋子，取放就更加方便了。

「全部立起來放就一目瞭然。」

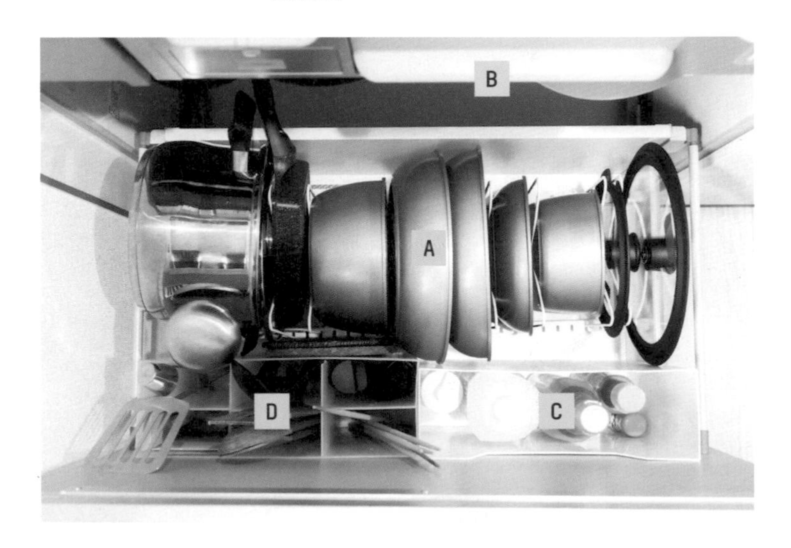

爐子下面很深又沒有間隔的大抽屜，東西容易平放堆疊在一起。每次想拿最下面的鍋子，就必須把疊在上面的鍋子全部拿起來，或是把手常常會卡住，搞得自己壓力很大。因此，全部立起來收納的話，問題就解決了。

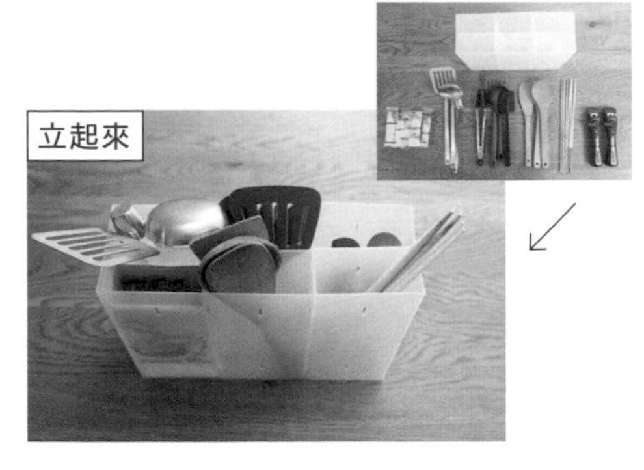

D 料理筷等長度很長的料理用品全部立起來收納

搞錯把手相似的器具而拿錯、鍋鏟和湯勺彼此卡在一起……。只要用有間隔的格子收納，全都立起來放，就能快速取出想要的物品。

C 因為會和鍋子一起使用，所以把油放在這裡

幾乎一定會和鍋具一起使用的油類，和鍋具收納在同一個抽屜裡。使用宜得利的檔案整理架來存放，避免細長的瓶瓶罐罐倒下來，導致液體流出來弄髒抽屜。

打掃工具、各式清潔劑以及各種尺寸的塑膠袋，因為全部收納進流理檯下方的大抽屜裡，所以流理檯上面幾乎沒有雜物。只要精準地做出正確分類，抽屜裡面的東西依然井井有條。

「流理檯下方的打掃工具或塑膠袋全部好收易拿」

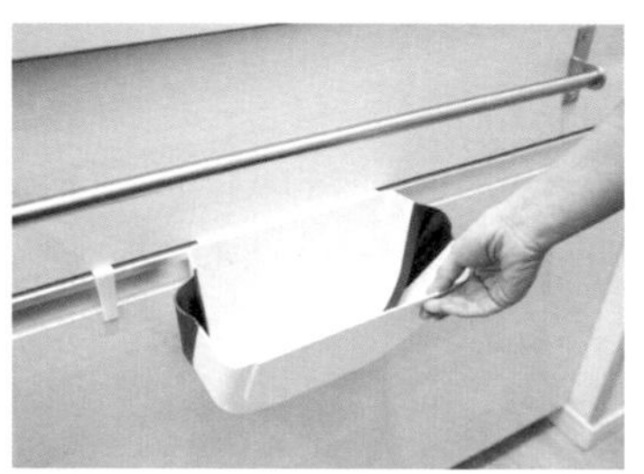

廚餘放在折疊式垃圾桶中

這種折疊式垃圾桶專門用來倒廚餘，可以掛起來使用，因為能折疊成厚度5cm左右，完全不佔空間。

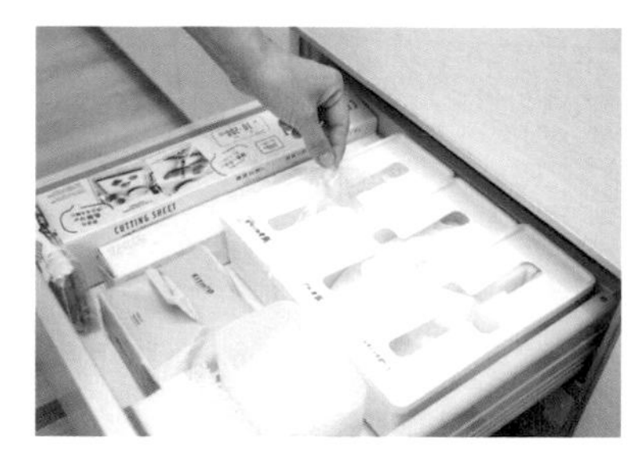

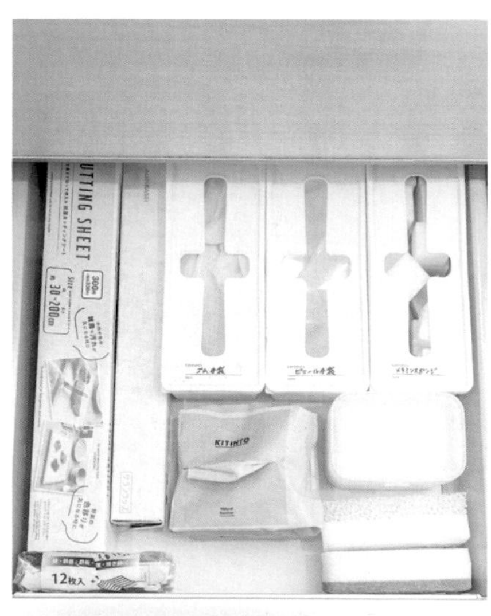

打掃用品以容易取出為優先

橡膠手套、塑膠袋、科技海綿，如果裝在原有的包裝袋裡，就會很難拿出來，所以全部拆掉包裝，放在手指容易伸進去拿的容器裡。同一個抽屜裡面的保鮮膜或砧板紙，選擇顏色低調一點的商品，就能統一氛圍。

＼放入容易取出來的盒子裡／

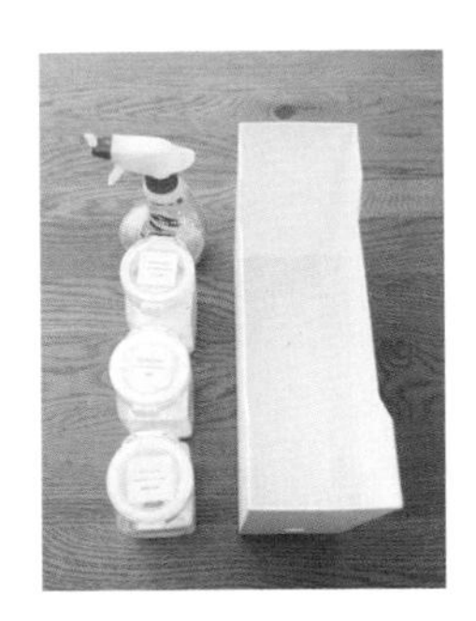

D 洗碗機清潔劑、小蘇打、檸檬酸

洗碗機的粉狀清潔劑、小蘇打和檸檬酸等等，要測量使用量才能使用的東西，先分裝到樣式相同的容器裡，在蓋子上貼上標籤貼紙。

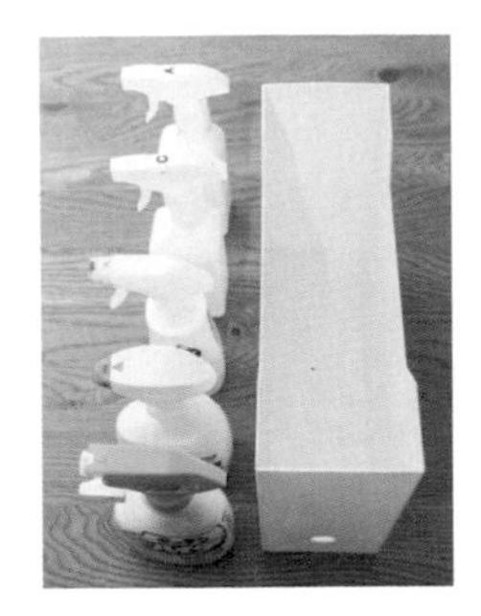

A 消毒或打掃的噴霧類清潔劑

消毒或打掃所使用的噴霧類清潔劑，另外分裝在顏色統一的補充瓶裡，讓容器的尺寸統一，整齊地排成一列。

B 廚房清潔劑、洗碗精

廚房清潔劑、洗碗精或強力去污劑等用品，這些瓶瓶罐罐的高度都不一樣，很難統一，所以通通放入檔案整理架中。

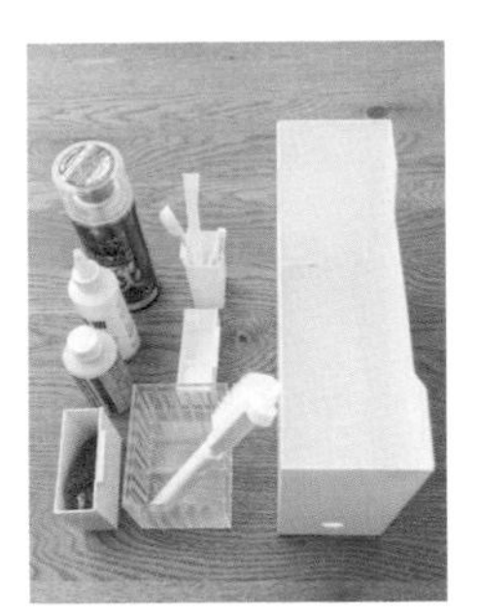

A 刷子、鬃毛刷等等

按照不同用途、長度或形狀，將五花八門的清潔刷放入檔案整理架中，再使用小收納盒來分門別類。

橫向的抽屜用檔案整理架來做出直向間隔

流理檯下方的抽屜又寬又深，原本是只有附菜刀架的空間，多數人都用來收納打掃用品。這裡的空間不要大範圍地使用，而是先間隔成直向細細的格子再進行收納。利用檔案整理架，就能將刷子類、噴霧類等用品整齊放入。

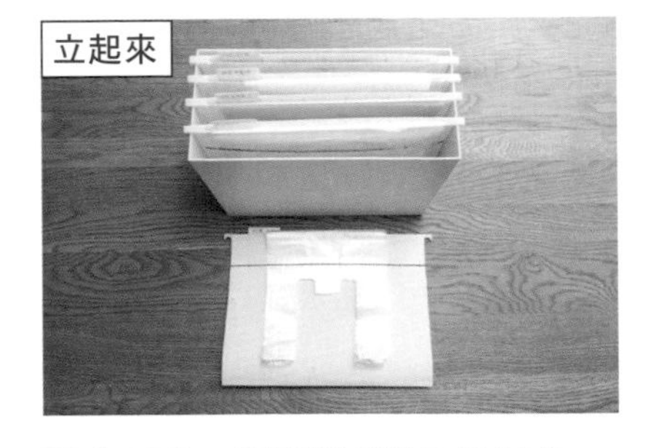

F 為了能一張張順利抽取的創意

各式尺寸的垃圾袋收納在LIHIT LAB.的吊掛式文件架上，貼上標籤，依照使用頻率來收納。大小不一的夾鍊袋也是立起來收納，放在49元商店的格子盒裡。

因為容易抽取
馬上就能拿出來

吊起來

E 在抽屜的側面吊起來收納

抽屜側面貼上金屬板，利用磁吸式掛勾吊起來收納，是讓小東西也容易取出來的技巧。

在開放式廚房的背面層架，放了散發溫暖氣息的木頭餐櫥櫃和冷色調的黑色冰箱。置物架上的無印良品籃子和黑色鐵框能夠完美地結合，視覺上具有一致性。廚房裡的舊家電需要替換時，盡量都挑選黑色來統一氛圍。

維持一致性的廚房背面收納

裝在玻璃瓶裡的是米和貓咪的飼料。把花花綠綠的包裝袋換掉，裝進相同的容器中陳列擺放著。

薄薄的托盤如果疊起來放，就不容易拿出來。使用無印良品的間隔板，按照托盤的大小依序立起來，拿取變得很容易。

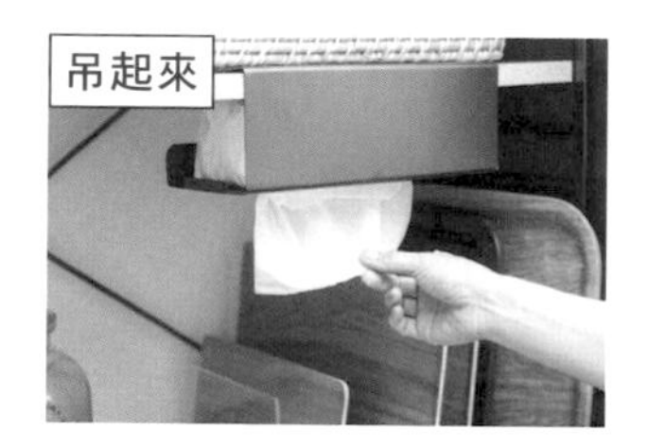

利用廚房置物架，把49元商店的面紙盒掛在架子上吊起來。抽取面紙非常方便又不佔空間。

泡咖啡的器具集中放在一起

廚房置物架上放的無印良品籃子很堅固耐用，十分推薦。為了拿取時不造成負擔，建議高處放比較輕的東西，例如濾掛式咖啡或茶包等等，把外包裝拆掉，換到可以看到內容物的保存容器中。

無印良品的收納箱是空隙收納的好幫手

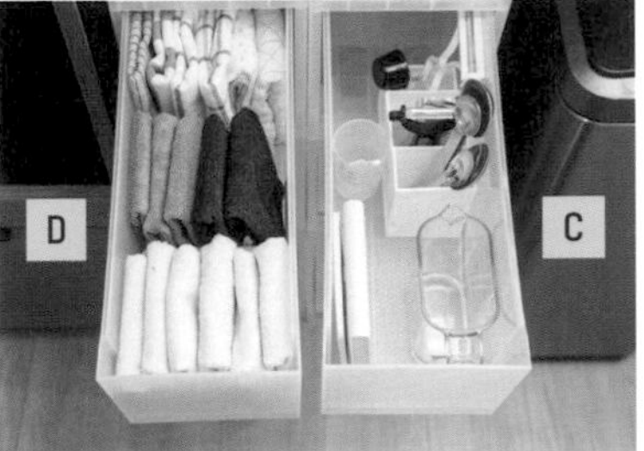

廚房置物架的下方，在垃圾桶的旁邊並排使用兩個無印良品的收納箱。抽屜有三種高度，可以聰明收納廚房周邊瑣碎繁多的物品。半透明的材質，因此可以隱約看到內容物，這一點也很不錯。裝上輪子，就能變成可移動式的箱子。

A B 放入剪刀、攪拌器、開瓶器等料理用品。為了避免拿出來的時候被其他的東西卡到，大致上做出間隔，也不要放得太擁擠。

C 計量杯或計量匙等小東西，要使用有間隔的格子盒，只要固定好位置，就不會在抽屜裡找不到東西。

D 廚房用的毛巾或抹布配合抽屜的尺寸來折疊，全部立起來收納，就容易拿出來。

E F 刨削器、切絲器等廚房小物和做便當會用到的器具，因為形狀和尺寸五花八門，所以也要大致上做出間隔，不要放得太擁擠。

G 備用垃圾袋與標籤貼紙收在這裡。

H 高度最高的抽屜裡立著放置水壺和瓶瓶罐罐。

狹小的縫隙也要有效利用

在廚房置物架的層板和無印良品的收納箱之間有著小小空隙，也不要放過這個收納空間。可以巧妙變成放置小夾子或封口夾的場所。

Cat Point

在我家，黑色垃圾桶是可燃垃圾專用的。考慮到貓咪的安全，特別選了附蓋子的感應式垃圾桶，用手觸碰一下蓋子就會打開，幾秒之後會自動關閉。

**A 平坦的盤子不要用疊的
一個一個隔開並立起來放**

要拿下面的盤子，就要把上面的盤子全部拿起來……不少人都有這樣的經驗吧？利用49元商店的盤子架，就能輕鬆解決這個問題，挑選木製款，完美地和櫃子融合在一起。

**B 有重量的東西
要盡量收在低且窄的場所**

在電鍋下方放著寶特瓶飲用水。重的東西如果全部放在上層的大抽屜裡，開關時就會很辛苦，所以把適量的寶特瓶固定放在櫥櫃最低的位置。

在unico購入的餐櫥櫃。上層主要是放餐具類，下層的抽屜裡整理了刀叉湯匙類和食品庫存。收納時，要一邊思考使用時的便利性，一邊區分出哪些物品適合擺放陳列、哪些物品適合藏在看不見的地方。這個櫃子的特色是檯面十分寬敞，可以同時放入好幾台廚房家電。

既可漂亮陳列，也能完美隱藏的餐櫥櫃

**C 每天使用的東西不必藏起來
頻率低的餐具收進有門的櫃子裡**

每天會使用的餐具放在能馬上取得的場所，做為固定位置。後面用壓克力架分為兩層，不疊放。使用頻率低的餐具或保鮮盒就放進有門的櫃子裡。

玻璃杯杯口朝下
防止灰塵

D 家電統一使用黑色低調內斂又有質感

微波爐或咖啡機等廚房家電，統一使用黑色。藉由色調上的統合，讓空間有簡約俐落的低調印象。

容易取放的
傾斜度

E 雙向都可伸縮調整放在抽屜裡剛剛好

刀叉湯匙類收納在直向和橫向都可伸縮的宜得利整理盒中。前側橫向放著傾斜的格子盒，是洗手台專用的四格收納架。

盒子內也有
間隔隔開

F 只購入抽屜裡放得下的食品庫存量

為了避免大量購買而超過保存期限，將庫存用的食品全部放進抽屜。如果立起來收納的話，一眼就能就掌握庫存量。

直立放在
格子盒裡

G 最下面的抽屜放貓咪的飼料＆零食

將貓咪飼料的外包裝拆除，放進玻璃瓶收納，貓咪的零食以及飲水機的濾心等等和貓咪飲食相關的物品，統一整理在這裡。

冰箱的周圍要保持單一色調

刻意減少顏色的數量，冰箱周圍只用黑色和木頭色系，不僅減少雜亂感，也給人低調簡約的印象。廚房紙巾吊掛在冰箱正面稍微高一點的位置，避免造成視線上的妨礙。

冰箱側面的空隙 善用磁吸式的收納

冰箱側面放置49元商店購入的保鮮膜架和裝有膠帶的置物盒，統一使用黑色，與冰箱的色系完美融合。因為經常要在膠帶上寫有效期限來管理食品，所以筆也要放在一起。

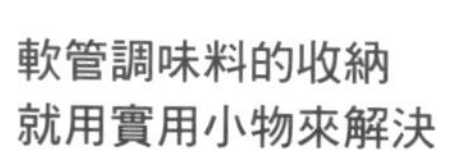

軟管調味料的收納 就用實用小物來解決

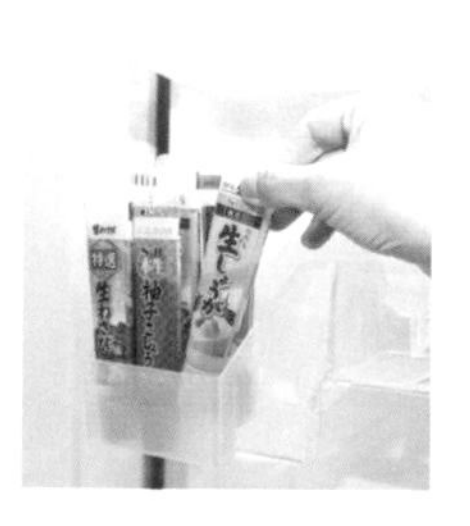

煉乳或山葵醬等軟管調味料的收納小物，可以在49元商店找到各式各樣的種類。我使用的是可以收納6支、前低後高的收納盒樣式，一眼就能看清楚保存期限。

伸縮式的分隔板 可防止搖晃或倒下來

這個分隔板可以防止調味料在開關冰箱門時，因為搖晃而落下，或是翻倒在置物盒裡而溢出等情況。伸縮式的設計十分好用，可在49元商店購得。

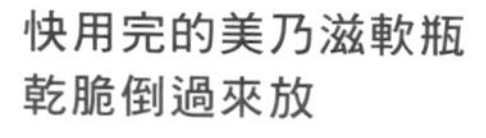

快用完的美乃滋軟瓶 乾脆倒過來放

美乃滋或番茄醬等軟瓶，內容物減少後，容易從正中央彎折而倒下來，使用49元商店的附掛勾工具，就可將瓶子倒過來收納。

冰箱內側的門邊置物盒分為三層，將零散瑣碎的調味料類直立起來收納。液狀或膏狀調味料不更換容器，而是利用了49元商店的冰箱整理用品，即使沿用原包裝也能顯得整齊清爽。

如果過度使用可細分種類的收納盒，也有可能會因為數量、形狀和盒子尺寸不合而無法收納食品，反而會到處亂放。因此，不一定要強制決定好每樣物品的固定位置，要保持自由度高的收納，打造一個容易使用的冰箱。

麵粉分裝後
一律放到最上層

粉類物品分裝到有把手的容器裡，並在盒蓋上註明保存期限。用壓克力架把空間隔成兩層來使用。

自行規劃冰箱裡
固定放蛋的位置

使用頻率高的蛋，不使用冰箱門置物盒原本所附的蛋盒，而是連同原塑膠盒整個放入透明盒子，放在冰箱的主要位置。

常備食材連同置物盒
一起拿出來

每天使用的豆腐乳等配飯小菜，和果醬等麵包抹醬分開存放，用49元商店的置物盒大概分類一下。

常備菜放入看得到
內容物的容器中

將菜餚放入透明容器中保存，避免自己忘記吃而放到過期。善用矽膠食物袋，可直接放入微波爐、烤箱或洗碗機。

上層是冰塊、冷凍白飯和冰棒的固定位置

冷凍庫裡淺層抽屜的上層，是冰塊、冷凍白飯和冰棒的固定位置。疫情期間在家工作的時間增加，有時候會吃冷凍餐盒，佔了冷凍庫下層很多位置，因此減少購買了其他冷凍食材。

冰棒從包裝盒取出，另外放在置物盒中。冷凍食品放在能夠調整寬度的置物架裡，立起來收納。

蔬果室不太需要加工，徹底實行看得到的收納

我曾經使用專用蔬菜盒或紙袋來收納，但因為要全部分類並隔開，必須花上許多時間。後來我回歸到最簡單的收納方式，將全部的蔬果平放，不僅一眼就能看清楚庫存，也能減少忘記使用的頻率，清潔程序也非常輕鬆。

糙米在超過15℃時，「呼吸量」就會變活躍而導致風味變差，因此裝在密閉的玻璃容器裡，放進冰箱裡的蔬果室保存。

客廳&餐廳

LIVING & DINING

不管是人或貓咪都喜歡待在這裡
陽光自然灑落的舒服空間

森之家的客廳與餐廳，是人和貓咪會共同聚集、受到全家人喜愛的場所。把沙發放在正中央，地板上鋪了地毯，周圍準備了幾個讓貓咪能放鬆活動的設施，無論是白天或夜晚，人貓都能在這裡輕鬆度過每一天。

因為家中有三隻貓咪，為了讓貓咪到處跑來跑去也不會有危險，桌子或沙發上不放置物品。其實客廳裡放了電動玩具、DVD影片以及貓咪的玩具和消耗品等大量雜物，但是活用了組合層架和電視櫃等收納用品，因此外觀幾乎看不見。在大型收納櫃之中活用抽屜、置物籃和收納袋等等，盡量保持整潔的狀態。只要先收納好，每天的收拾打掃就會變得輕鬆簡單。

Mori's COMMENT

在客廳裡相聚的時光，不管是對我們夫婦或是對貓咪們來說，都非常珍貴。早上起床後，先在這裡互道早安和吃飯，白天拍攝YouTube的影片，晚上和老公回顧這一天發生的事，一邊聊天一邊吃飯。不論是獨處或與家人共處，最好都能充滿笑容地快樂度過，不把這裡當成做家事的場所，而是能夠成為可以好好放鬆的療癒之地。

採光良好的餐廳 餐桌周圍使用極簡風格

是餐桌，也是拍攝影片時的工作檯

在unico購買的餐桌。雖然是餐桌，但也來用來當做拍攝YouTube影片的商品拍攝檯，所以桌子上不放任何東西，保持乾淨簡潔。月曆或窗簾也使用存在感低的物品，顏色幾乎和牆壁融合在一起。用餐時會坐在餐椅上，長凳則是在想要稍微坐一下的時候使用。

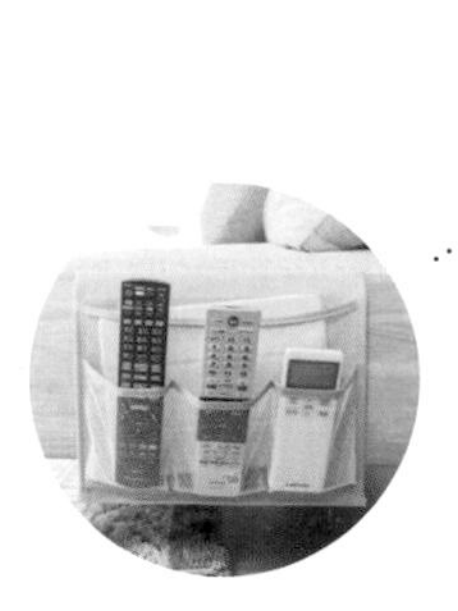

為了讓房間看起來寬敞而選的沙發

買了椅背較低、沒有扶手的沙發，抱枕也使用相同顏色來統一色系。各種遙控器一併放在49元商店購入的懸掛式收納袋。

想要馬上拿到的東西就藏在桌子下面

在餐桌的下面，放著餐具墊、面紙、溼紙巾。即使在用餐中也能伸手立即拿到，所以很方便。

Cat Point

電視後方的電線用電線保護套捲起，用顏色來區分，再用49元商店的電線保護管綁在一起，避免貓咪啃咬而產生危險。

貓咪也能一起悠閒放鬆的環境

人類放鬆休息的時間，通常貓咪也會來到身邊待在一起，所以選了寬度較大的沙發，人貓可以一起使用。挑選了和沙發同色的地毯，看起來就會舒適整潔。

活用能自由組合的無印良品收納系統

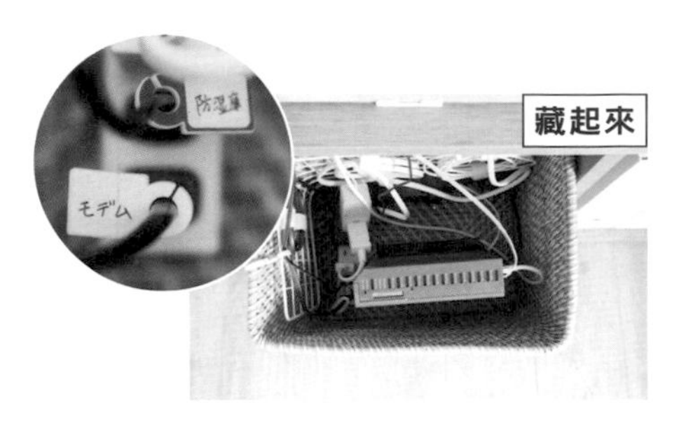

B 凌亂的電線要附上標籤

在我家，WIFI路由器或電線類都會放進籃子裡，附上標籤，藏起來收納。但是，要注意避免電器發熱而產生危險。

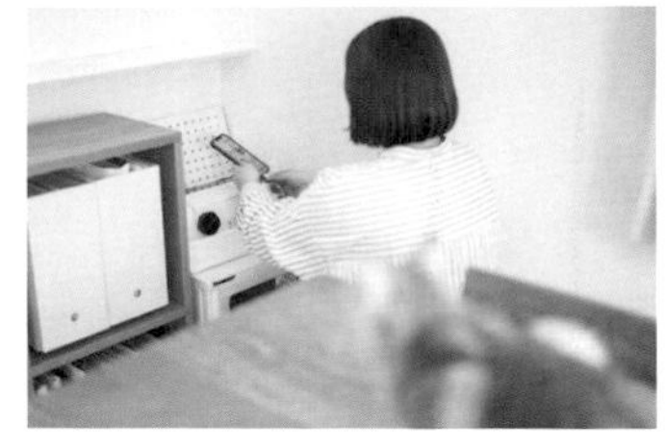

A DIY充電站

在保存相機鏡頭的防潮箱上，自己動手做了收納手機和平板等電線的充電站（P94）。

中島廚房的吧台下方，使用無印良品的自由組合層架，設計出既可以陳列展示、又可以藏起來的收納，享受自由組合的樂趣。抽屜、藤籃、檔案盒都是無印良品的商品。文具、電池、使用説明書等瑣碎繁多的物品，全部集中放在這裡。

C 用檔案盒整理文件

文件分成「房屋相關」、「家電類」等大類別，再用透明資料夾細分成小類別（P96）。家電的使用説明書現在大部分都用日本的家電使用説明書APP「トリセツ」來管理。

用標籤分類讓東西容易找到

按照類別製作大小不同的標籤，方便找尋。為了容易拿出來，在文件盒下方貼上49元商店的小輪子。

E 裝上小輪子變成可移動式的垃圾桶

在垃圾桶下面貼上小輪子，剛好放在牆壁與櫃子的縫隙之中。小輪子的裝置方法很簡單，只要用雙面膠貼上去即可，收垃圾的時候也比較輕鬆。

D 選擇外觀漂亮的書來陳列

由於這個層架也當作陳列用，所以從家裡現有的書籍當中，挑選書背的色調適合展示的幾本書。和貓咪有關的書或室內裝潢的書比較多。

抽屜收納的巧思

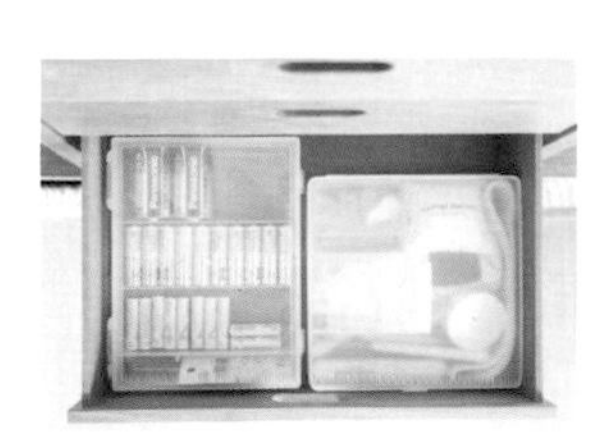

F 電池和裁縫工具連同置物盒一起拿出來

大小各種不同形狀的電池，全部收納在置物盒裡。裁縫工具也集中收在一個收納盒裡。需要用到的時候，連同置物盒一起能拿出來即可。

重要的印章或存摺放在同一個抽屜裡

印章和存摺大部分是要一起使用的，所以印章、存摺和護照等證件，全部都放在同一個抽屜裡保管。分類格子盒購自IKEA。

G 收據類按照月份分別夾起來

累積越多就越難整理的收據類，分類成公司用（信用卡、現金）和家用，按照月份，分別用迴紋針夾起來管理（P97）。

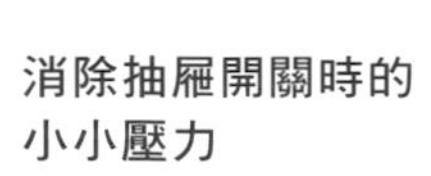

消除抽屜開關時的小小壓力

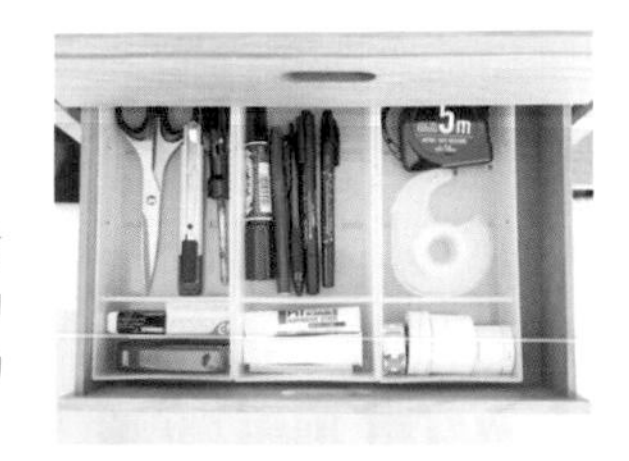

在放文具的置物盒底部，貼上49元商店的防滑貼片。在開關抽屜時，置物盒的位置就不會因為震動而跑掉。

藏起來

整理電池或文具等客廳周圍的小東西

和組合層架的格子尺寸剛剛好吻合的抽屜，也是在無印良品買的。為了放小東西，選了淺型的4層款式，為了容易拿取物品，裝設在層架的上層。

因為電視的體積很大，所以為了不讓房間的氛圍變沉重，買了比較低又簡約的電視櫃。當抽屜用的置物箱購自宜得利。

電視櫃也要好好地收納

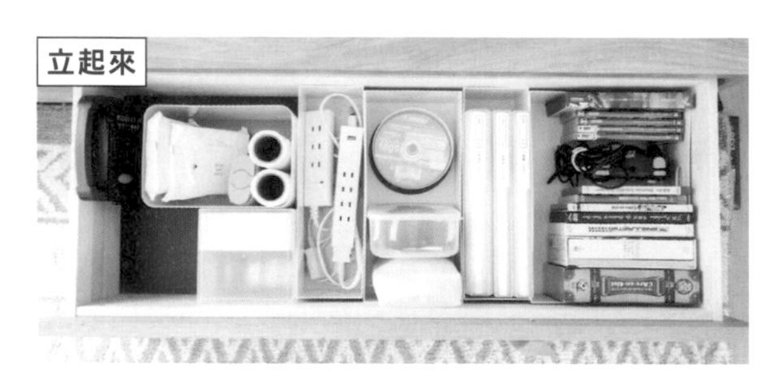

將大容量的抽屜做出間隔＆立起來

電視櫃下方的抽屜又長又深，避免發生不管什麼都隨便丟進去的情形，用置物盒來做出間隔，將物品立起來收納，是高明的整理祕訣。只要這麼做，就能更有效利用空間。

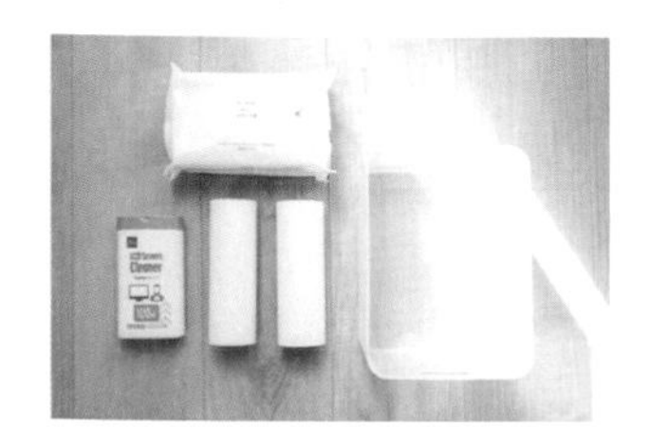

消耗品的庫存要放在近處

地毯清潔用的黏膠滾筒或溼紙巾等補充品，因為替換的頻率很高，最好放在隨手可取得的地方。

延長線放進細長的置物盒裡

收納線材的技巧是先將電線束起來，避免電線纏在一起，然後放進細長的置物盒裡。突然需要的時候，就不需要費心思去找。

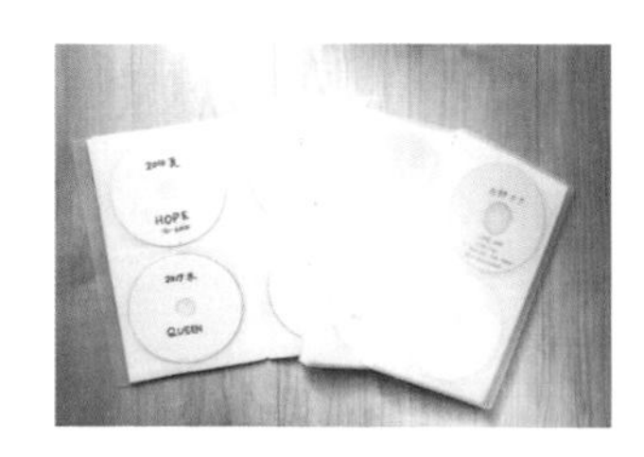

影片DVD用收納夾來收藏

因為我們夫婦常常一同觀賞影片，所以會把喜歡的戲劇錄製成DVD，用無印良品的不織布光碟套收納夾來保存。

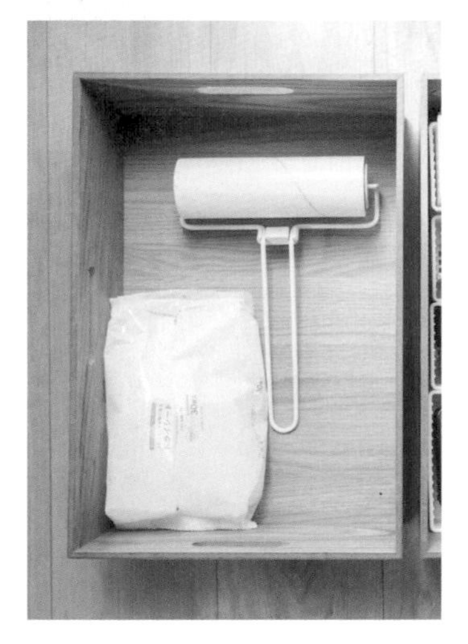

養寵物的必需品
黏毛滾筒放在地板附近

隨時要清潔地毯上的貓毛時，把黏地毯專用的黏毛除塵滾筒放在靠近地板的抽屜，隨手可拿來使用，不需要外盒即可直接收納。

統一用同系列來收納
寬度剛剛好，感覺很舒服

貓咪用品放進49元商店的同系列置物盒裡，外觀具有一致性。即使要組合使用，因為寬度都一樣，疊起來使用也沒問題。

不擁擠的收納就容易拿取

抽屜的右側是DVD和電玩，左側是客廳的打掃用品和印標籤用的標籤機。按照類別全部立起來收納，就不會擁擠，不管什麼都容易拿出來。

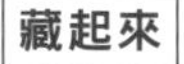

藏起來

貓咪照護用品和玩具集中放置

貓咪的指甲刀等照護用品或玩具，放在手可以馬上拿得到的場所。坐在地板上和貓咪玩時，如果任性的貓咪心情還沒變差，絕對會派上用場！

Cat Point

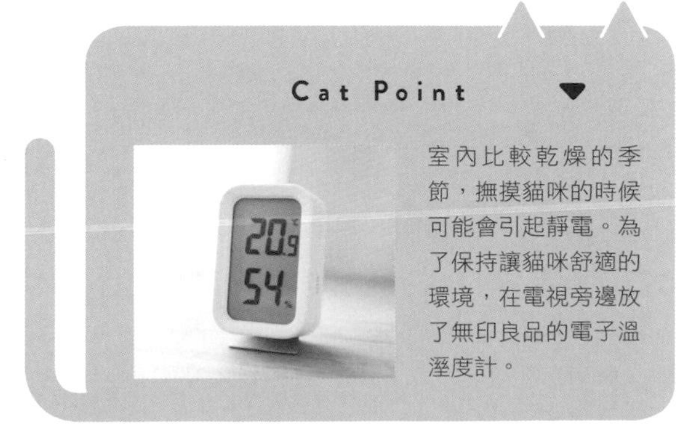

室內比較乾燥的季節，撫摸貓咪的時候可能會引起靜電。為了保持讓貓咪舒適的環境，在電視旁邊放了無印良品的電子溫溼度計。

浴室&盥洗室

BATHROOM & LAUNDRY

避免霉斑和水垢堆積
徹底執行「吊起來」收納

浴室和盥洗室，或許是每個家庭都覺得特別難整理的地點。首先是浴室，因為環境潮溼，總是有清除不完的霉斑和水垢。在我家，從浴缸蓋板到入浴用品，全部徹底執行「吊起來」收納。藉由將所有物品吊掛起來，可以快速晾乾，就能防止水垢或髒污。只要經常保持物品乾爽，不僅能降低產生水垢的困擾，打掃起來也變得輕鬆多了。

盥洗室在日文裡稱為「洗面所」，是吹頭髮、整理儀容的地方，卻也因為放置許多物品，容易變得十分凌亂。因為需要收納的東西形狀與尺寸五花八門，所以要盡量依照顏色、尺寸和形狀進行簡單分類，讓外觀變整齊，達成不必費心就能找到需要物品的目標。

Mori's COMMENT

浴室或盥洗室，是東西很多、污垢容易累積的地方。活用壁掛板或吊起來收納，就能大幅減輕家事負擔。我在著手進行改造的時候，找到可以配合我家浴缸尺寸的浴缸蓋板，也發現了可以把洗髮精補充包直接吊起來的創意商品。用尋寶似的感覺找到喜歡的商品，令我感到很開心♪

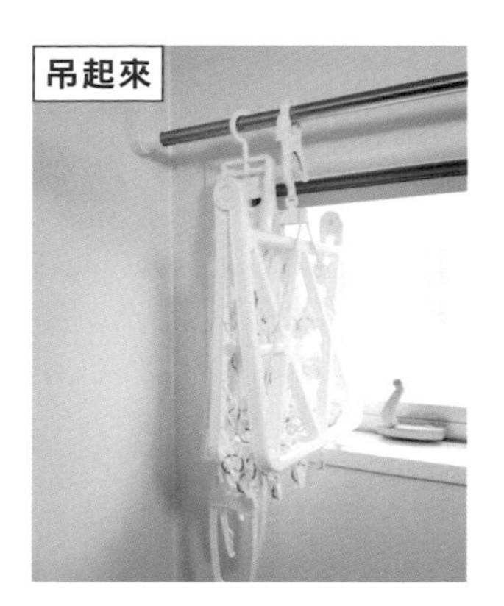

在浴室裡架起曬衣桿 衣架夾在此隨侍待命

我家的洗衣機就在盥洗室裡面，因此把衣夾架吊在浴室的曬衣桿上，從洗衣到曬衣一氣呵成。

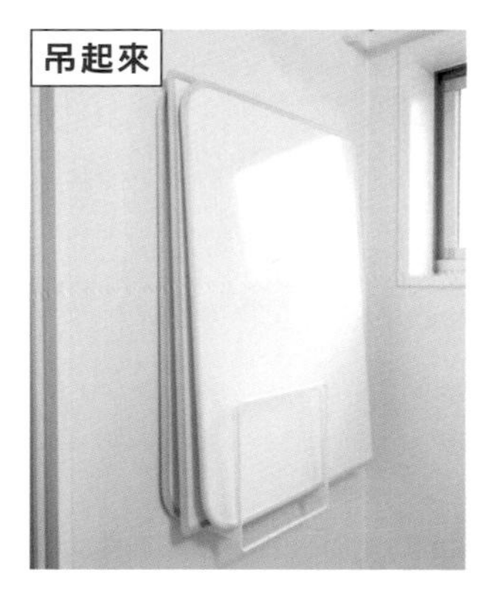

輕又快乾的浴缸蓋板

本來使用圓筒狀的捲簾式浴室蓋板，因為溝槽裡容易藏污納垢，收納也很麻煩，所以換成三片折疊式的蓋板，收納在磁吸式的壁掛蓋板架上。

「地板絕對不放東西」

將牆上原本裝設的洗髮精置物架拆掉，換裝成容易清掃的磁吸式。浴室椅在使用後立刻掛在浴缸上，水杓也使用磁吸式的，不用時吸附在牆上。養成浴室地板上不放東西的習慣，水垢就不會殘留。

Cat Point

貓咪們喜歡狹小的地方，如果讓牠們鑽進洗衣機下面就太危險了。把鐵網架束好連接起來，包圍住縫隙，確保貓咪的安全。

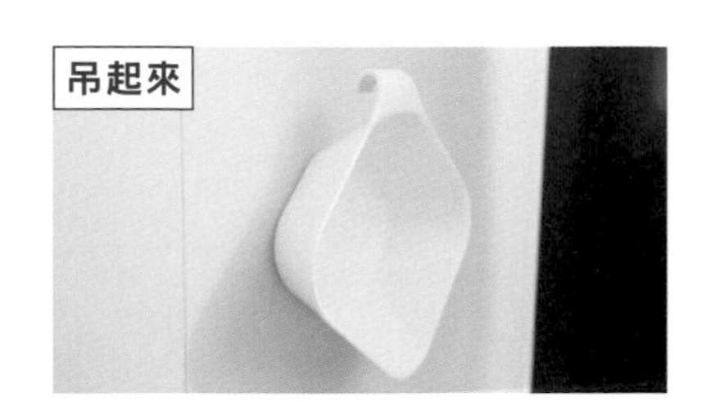

磁吸式＆吊掛式兩用水杓

水杓的底部內藏磁鐵，可以直接吸附在牆壁上，也可以用掛勾吊掛在毛巾桿上。因為是方型的，使用起來很順手，水氣也散發得很快。

浴室牆壁平常都活用磁鐵，最常使用日本品牌「tower」的產品，從打掃工具到身體保養用品，都配置在牆上，兼具造型和機能性。浴室小物統一放在比坐著的時候視線再稍微高一點的位置，看起來很整齊舒適，全部使用白色來統一氛圍。

吊起來收納，保持浴室乾燥

吊起來

毛巾桿上掛著浴巾和洗髮用品

利用可以直接裝在補充包上的KAKUDAI掛勾頭，在剪開的開口裝上擠壓器，套上三輝（sanki）的補充包專用定量擠壓器後，吊起來使用，減少瓶瓶罐罐。

吊起來

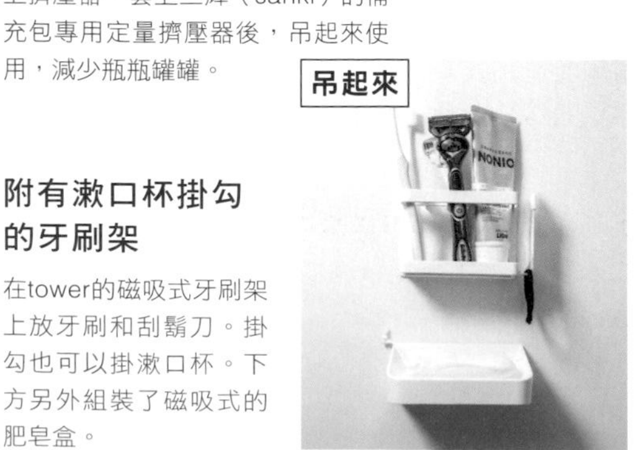

附有漱口杯掛勾的牙刷架

在tower的磁吸式牙刷架上放牙刷和刮鬍刀。掛勾也可以掛漱口杯。下方另外組裝了磁吸式的肥皂盒。

吊起來

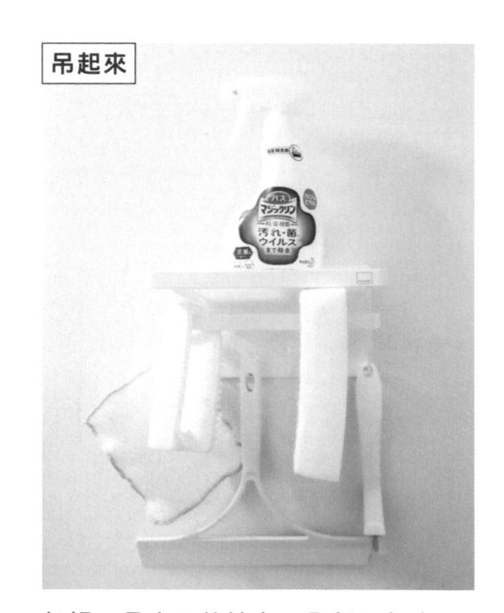

打掃工具也不放地上，全部吊起來

tower的磁吸式浴室多功能層架，上層是置物架，中間是毛巾架，下面有6個掛勾。用來收納清潔劑、海綿、刮水器等浴室打掃工具。

零壓迫感的收納

我家的盥洗室只有洗手台下面有收納空間，放入清潔用品之後，毛巾或浴室腳踏墊就無處可去了。可以將伸縮桿頂到天花板固定的洗衣機置物架購自樂天市場，洗衣機和洗手台之間的直長抽屜櫃則是在亞馬遜買的。

毛巾不要遮住光，疊在一起

使用伸縮桿式的洗衣機置物架來替換原本的層架，少了側邊的框架，光線變得明亮起來。中層和上層放了宜得利的收納盒，毛巾就這樣直接疊在一起就好。

A 即使放在置物架上也安全，宜得利的軟性材質收納盒

洗衣機置物架上放著宜得利的軟性材質收納盒。橫向或是直向都附有把手，適度的柔軟和輕巧，即使不小心掉下來也很安全。上層收納抹布等輕軟的物品。

融合在一起

C 毛巾以漸層方式和周圍融合在一起

為了要將擦手巾、洗臉毛巾和浴巾放在置物架上，折疊的方式也特別用心。選擇不佔空間的薄布料，毛巾的邊端朝向後方，外觀看起來才會整齊。

B 浴室腳踏墊或洗衣網和新的浴室用品

置物架的中間，放著替換用的浴室腳踏墊和洗衣網。我有時會在泡澡時一邊看影片或一邊聽音樂，所以也會將手機專用的浴室防水用品放在這裡。

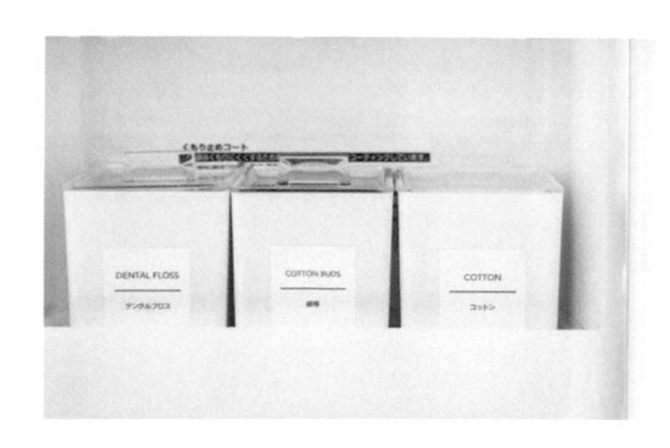

像飯店一樣排放整齊的牙線棒、棉花棒、化妝棉

看起來很高級的備品盒，都是在49元商店買的，像住在飯店裡一樣，將牙線棒、棉花棒和化妝棉收納得整整齊齊。選擇蓋子透明的款式，一眼就能看清剩下多少數量。

三門鏡櫃劃分成夫・妻・共用三部分

三門鏡櫃裡面的收納，區分為左側是夫，右側是妻，正中央是夫婦共用的東西。因為是每天都要用的雜物，想要放在隨手可以拿到的地方，但為了看起來美觀，就盡量藏在門裡面。

妻用的鏡子背面掛著綁髮髮圈

妻用的三門鏡櫃背面，用L型掛勾掛著髮圈。收納架裡放著口紅，裡面的格子刻意設計成傾斜，因此容易拿取。

吊起來就可以消除溼滑黏膩感

最愛使用49元商店的肥皂掛架。在肥皂裡塞進金屬後，就能緊緊吸在架子的磁鐵上，不用再煩惱肥皂總是溼溼滑滑的了。

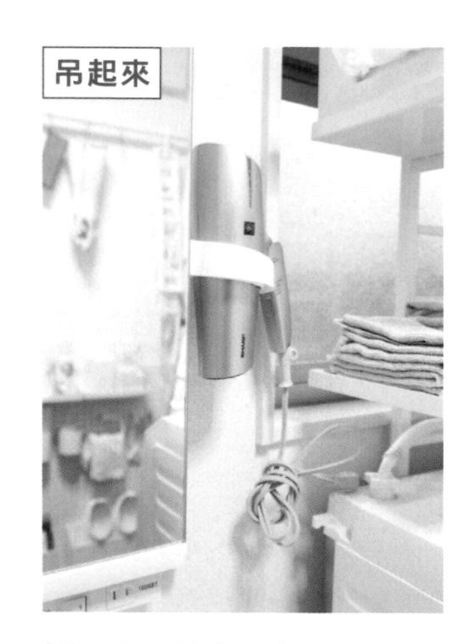

活用吹風機專用架

使用後會燙手、電線很難整理的吹風機，要放在什麼地方真是令人傷腦筋。49元商店的專用架是用雙面膠黏貼的，可輕鬆完成壁掛收納。

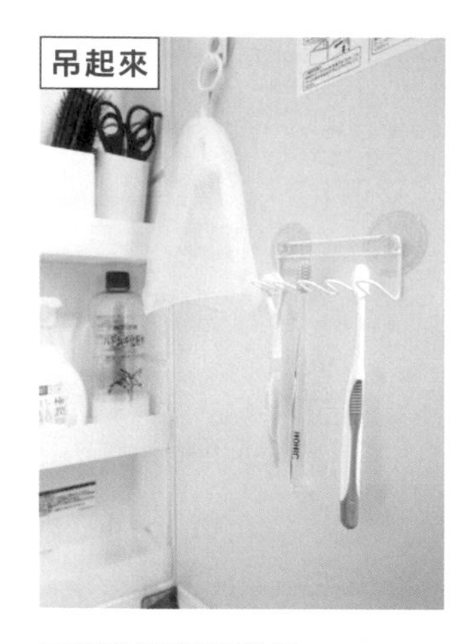

牙刷要吊起來收納

在三門鏡櫃的背面，把牙刷和起泡網吊起來。在49元商店就能買到吸盤式或雙面膠式等款式。

融合在一起

洗手台下方具有高度的空間裡，使用寬度可以伸縮、架子的高度也可以改變的宜得利置物架，這個設計可節省空間，層架上下都能放入收納整理箱（高的款式和低的款式）。右側的三層抽屜式收納盒也購自宜得利。

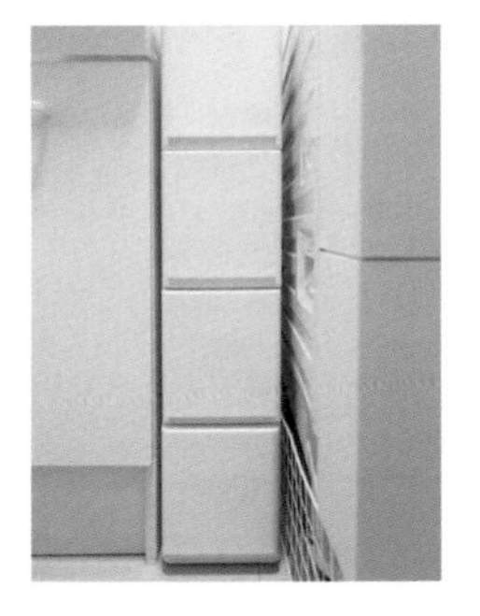

省去洗澡時還要爬上爬下的麻煩

在樓中樓的房子裡生活，為了省去洗澡時要拿換洗衣物而上下樓的麻煩，在Amazon買了剛剛好可以放進空隙的抽屜櫃。

內衣褲或睡衣都要立起來放

使用洗手台和洗衣機之間的空間，收納內衣褲或睡衣。因為是寬度很窄的空隙家具，所以配合抽屜櫃的尺寸，將衣服折得小小的，立起來放。

「日用品要細分類別」

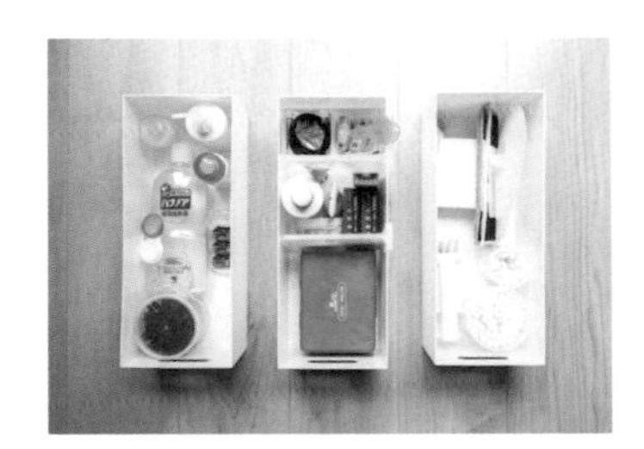

C 低的整理箱可以疊起來收納，更節省空間

夫婦各自的儀容用品存貨、打掃工具，放在低的整理箱裡。因為可以疊起來，所以使用的便利性極佳。

A 使用頻率低的吹風機放在門內

常用的吹風機吊在三門鏡櫃的旁邊，不太常用的整髮梳，放進收納盒裡，放在三層抽屜上面的空隙裡。

D 高的整理箱裡收著清潔劑或補充包

高的整理箱裡，分類放著清潔劑或補充包。從正面看不到裡面的東西，後方刻意設計成傾斜的，讓東西更容易取出使用。

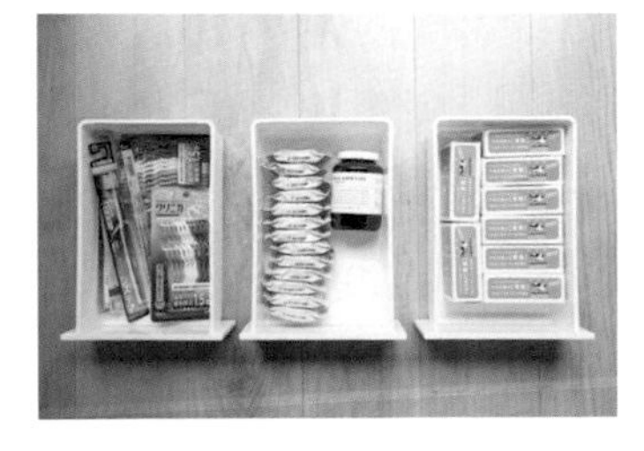

B 三層抽屜式收納盒放置庫存消耗品

寬度約19cm的小巧三層抽屜式收納盒裡，從上面開始，依序是放置牙刷或牙線棒等口腔用品、入浴劑、香皂的備用品。

提高家事效率的洞洞板牆面收納

吊起來

為了減少清洗浴室和盥洗室的麻煩，自己動手做了牆面收納。我的設計構想是「每天打掃浴室或洗衣服要用到的東西，不需要一直開關門或抽屜，以一個動作、在半徑一公尺以內能輕鬆拿取需要的物品」。把在CAINZ買的木質夾板漆上白色油漆後裝設上去，貼上49元商店的洞洞板（25cm×25cm）共9片，裝上層板或掛勾即完成。

使用兩根高度可以頂到天花板的粗型伸縮桿，直向固定好後，在兩根伸縮桿之間掛上連接管，讓收納力再提升。裝上曬衣夾或掛勾後，就連浴室腳踏墊和衣夾架等都能輕鬆吊上去。

色彩繽紛的容器一律更換為白色

漂白劑和貼身衣物手洗精，原有的容器色彩花俏，為了配合白色系的牆面收納，特意換裝到白色的容器中，並用貼紙貼上標籤。

在地板上使用的東西就放在地板附近

打掃浴室時會穿的鞋子和地板除塵紙，放進大型置物盒後收在最下層。置物盒的下面是垃圾桶和掃地機器人。

透過吊掛式陳列讓牆壁成為展示空間

刮水器也掛在牆上

這個也是在49元商店找到的便利小物，可以放置刮水器或掃把等有握把的工具，按一下就能馬上卡上去。

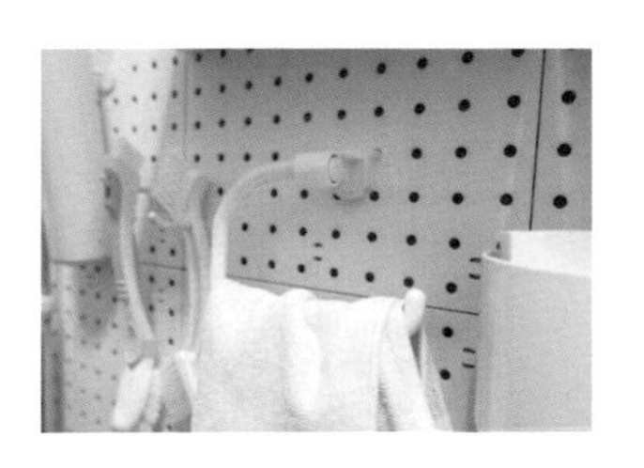

用捲筒衛生紙架掛毛巾

在49元商店購入的洞洞板專用捲筒衛生紙架，我把它當作毛巾架來使用。

洞洞板專用配件

49元商店或網路商城可以找到許多洞洞板的周邊商品，例如層板、掛勾和放小東西的配件等等，裝設方式非常簡單。

配合簡約明亮的和室
選擇白色家電更加提升質感

和室與客廳相鄰，因為南側和西側有窗戶，到了下午陽光會照射進來，貓咪們會在那裡放鬆休息或是跑來跑去，玩得很開心。除了貓抓板或是貓跳台之外，還準備了幾個可以小睡一下的地方。

我和老公平常不會在這裡做什麼事，但是會把壁櫥當成置物櫃來使用。在廚房我統一使用黑色的家電，但是為了不讓房間的明亮度受到干擾，這間和室裡我則是選了白色。每天我都會使用掃地機器人來清潔地面，感謝科技的進步，掃地機器人會從和室移動到客廳，即使地板有些微的高低落差、路面上有障礙物，掃地機器人也能越過或閃過，靠近貓咪時還會減速。現在新款機型就連倒垃圾都能自行處理，大大提升了做家事的效率，是我的寶貝。

Mori's COMMENT

為了要製作這本書，我徹底整理了和室裡的壁櫥。我從地板到天花板仔細檢視過，堪稱是我嘔心瀝血的場所。這裡有各種類型的雜物，重量重的東西就加裝小輪子，常常需要移動的物品就裝進容易搬運的軟收納盒，花了不少心思去分類收納。關於收納用品的挑選、分類以及保存，即使是一點點小訣竅，如果能對大家有所幫助，我就會感到十分開心。

A 選擇方便移動的收納盒

DIY用品、電線與其他收納用品的形狀五花八門，全部放入容易搬運的軟收納盒後，移動會比較方便。

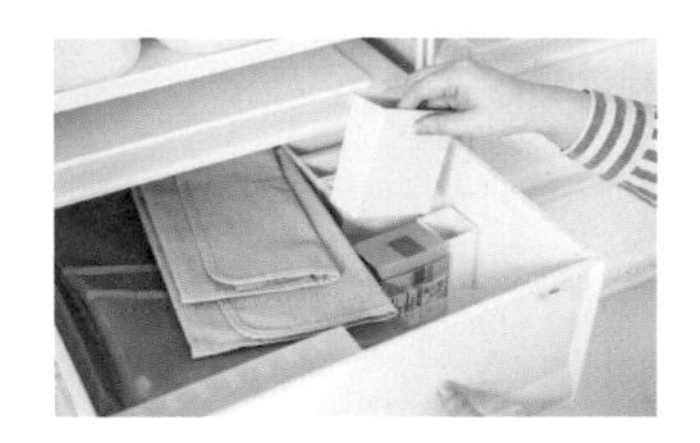

B 配合物品的形狀收納

這裡用來存放拍攝YouTube影片的收納用品，全部整齊疊好再放進去。為了能區分清楚內容物，上面會貼上標籤。

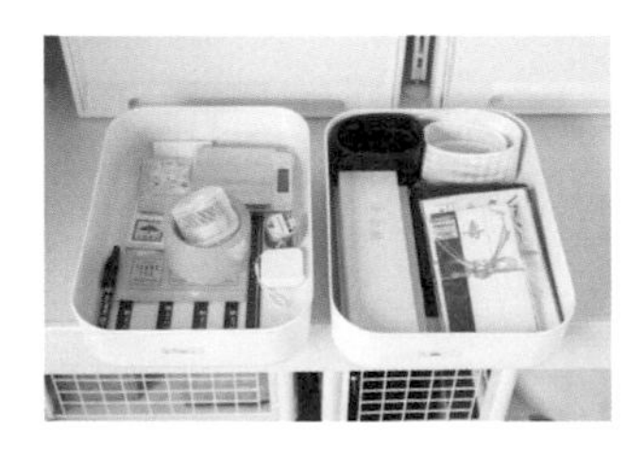

C 突然收到紅色炸彈也不驚慌

臨時需要的婚喪喜慶用禮金袋等等，在類似的場合會用到的東西，整套收在一起準備好。

和室的壁櫥大致上分為三層。收納用品的尺寸或材質或許有所不同，但全部選用白色來統一色調，給人整齊舒適的印象。櫃子前方特意留下一些空間，當成整理時的工作檯。

仔細分類收納盒的尺寸 提供大量且多元的收納

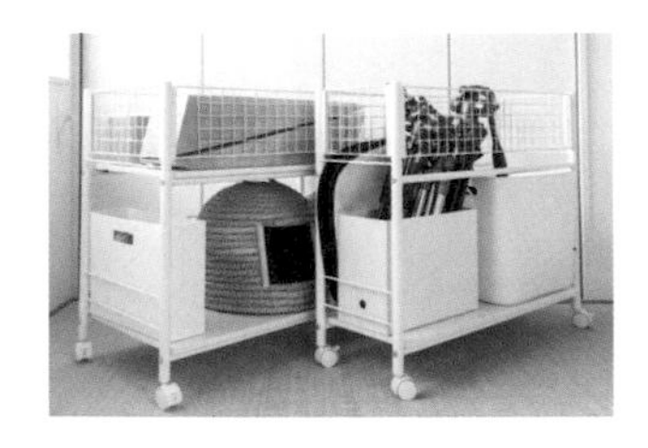

F 聰明活用深度

拍攝YouTube影片用的器材或熨斗放在附輪收納架上，拿取放回都不費力。用大一點的置物架，即使是具有深度的空間也能完全活用。

E 取放不麻煩的技巧

形狀複雜而難以收納的曬衣架等，放進軟的收納盒中。用宜得利的壁櫥收納推車變成可移動式的設計。

D 活用檔案盒

空白信封袋或文件夾等等，為了避免彎折，立起來放在不透明無印良品檔案盒中，將內容物藏起來。

最容易隨手擺放雜物的場所
更要聰明活用「藏起來」收納

我家的玄關刻意設計成可以穿著鞋子直接進出的格局，有大容量的鞋櫃，收納了很多鞋子和日用品。

和其他場所一樣，我也是以「會在哪裡使用的東西，就放在會使用它的地方」為基本構想。在玄關，放有外出時會隨手拿取的口罩、購物袋和帽子等等；另外，因為旁邊就是廁所，也存放著衛生清潔相關的備用品。玄關是連接室外和室內的重要通道，為了能夠有效率地處理垃圾，我會把事先分類好的垃圾統一放進門口的白色收納盒中。

在日常生活中會使用到的消耗品或垃圾，因為形狀或尺寸五花八門，如果隨時出現在視線範圍內，就會顯得凌亂。為了看起來整齊清爽，要活用各式各樣可以把雜物「藏起來」的用品。

Mori's COMMENT

我喜歡簡單的設計，生活必需品或華麗的外包裝只要一進入視線範圍內，心情就會莫名煩躁，也會降低做家事的幹勁。如何讓眼睛所見的空間清爽舒適，對我而言是非常重要的。因此，我家的玄關徹底實踐這個想法，用白色收納盒來統一。因為看起來整齊，所以想要一直維持這個模樣，養成了經常打掃收拾裡面的習慣。

鞋櫃內側貼上IKEA的燈條，以增加明亮度。鞋子保養用品或是方便拆紙箱的美工刀等等，按照類別放入各自的收納盒中。因為旁邊就是廁所，所以大的收納盒裡存放有會在廁所使用到的消耗品，重量最重的貓砂則放在最下面。

A 吊在鞋櫃的門板後方

鞋櫃是左右對開的雙門設計，在門的內側固定了49元商店網架，吊上鞋把和折疊傘。下面的籃子是放鑰匙的地方。

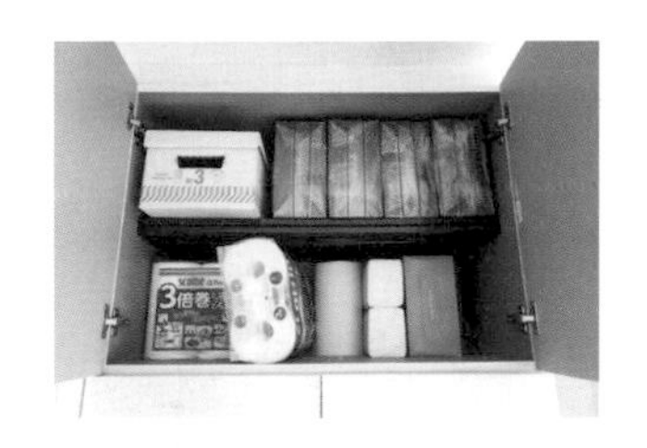

B 鞋櫃高處放輕的東西

鞋櫃上方比較高的地方，存放著盒裝面紙或衛生紙等重量較輕的日用品庫存。左邊的收納箱裡是客用拖鞋。

「在玄關會使用到的東西全部放在一起」

E 廁所用品的存貨

我家玄關旁邊緊鄰著廁所，所以用宜得利的大型收納盒來收納廁所清潔用品和衛生用品等存貨。

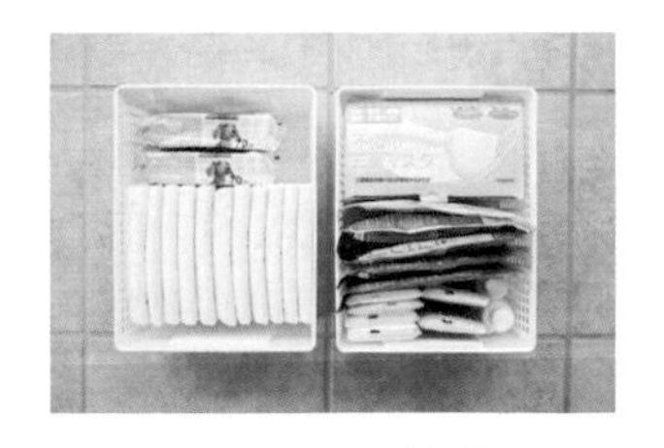

D 寵物尿布墊和抗菌用品

尿布墊的庫存，和口罩或乾洗手凝膠等消毒用品放在一起，立起來放在收納盒裡，很容易就能用手指拿取。

C 紙箱處理用具和鞋子保養用品

收到包裹後，時常會在玄關把網購物品的紙箱處理掉，所以把封箱膠帶、剪刀和塑膠繩收在一起。右邊的收納盒是鞋子保養用品。

吊起來

英文縮寫是
夫婦的代號

宜得利的裝飾架和新裝設的口罩放置處

因新冠肺炎而成為必需品的口罩，避免亂丟而裝設了一個固定位置。壁掛式的口罩盒購自49元商店，裡面放了不織布的口罩，掛勾上則是吊著隔天要用的口罩。宜得利的裝飾架上放著印章和酒精抗菌噴霧。

口罩＆環保購物袋要設定固定位置

在玄關放置推車，隨時待命

現在大家經常在網路上買東西，為了把送來的重物搬到室內，乾脆把推車放在玄關備用。因為在家中放了好幾個貓咪的廁所，所以把收集好的垃圾，放進附蓋的白色垃圾桶中。

用推車搬運重物
省時又省力

吊起來

雜誌收納袋裡放著環保購物袋

49元商店的壁掛雜誌收納袋，放在玄關旁邊當作牆面收納。裡面放著帽子、防曬用袖套以及大小不同的環保購物袋。

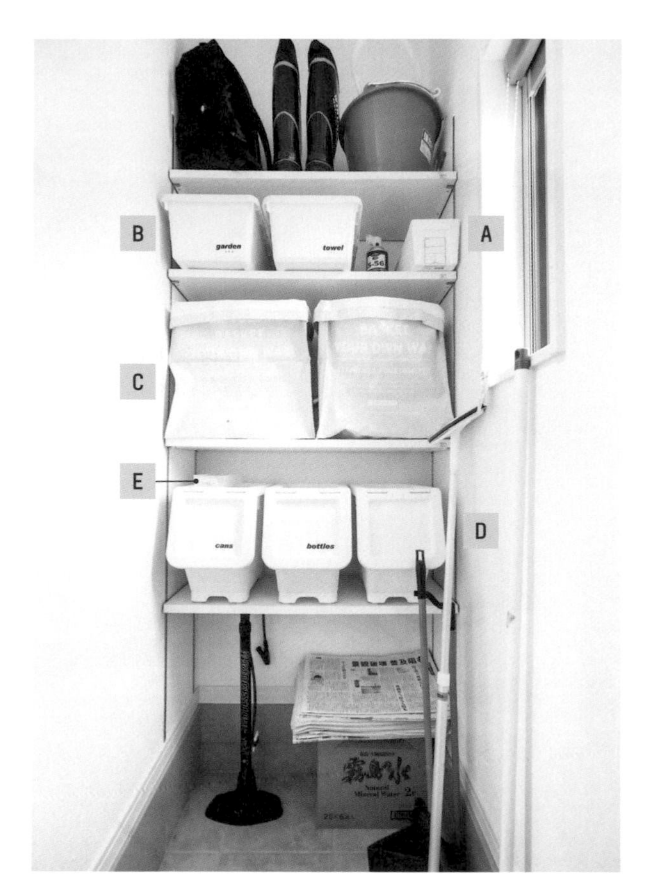

位於玄關穿鞋區右側的收納。這裡是可直接穿鞋進入的空間，所以主要收納分類好的垃圾或報紙、庭院養護用品、戶外的打掃用品這類和室外相關的東西。統一使用白色收納盒就顯得清爽俐落，不會讓人覺得是暫時存放廢棄物的場所。

「是否要使用蓋子視內容物而定」

A 腳踩式噴霧罐拔除器

日本的垃圾分類很嚴格，丟棄噴霧罐時需要拔除噴頭才能丟棄。上圖是在49元商店購買的腳踩式噴霧罐拔除器。因為很小一個，為了避免弄丟，放在置物盒裡收好。

B 用附蓋收納來做好安全管理

雖然玄關是禁止貓咪進入的區域，但為了避免貓咪誤闖而接觸到，除草用的鐮刀或除草劑這類危險物品，用IKEA的附蓋收納箱來做好寵物的安全管理。

「垃圾處理區也統一使用白色，提升簡約感」

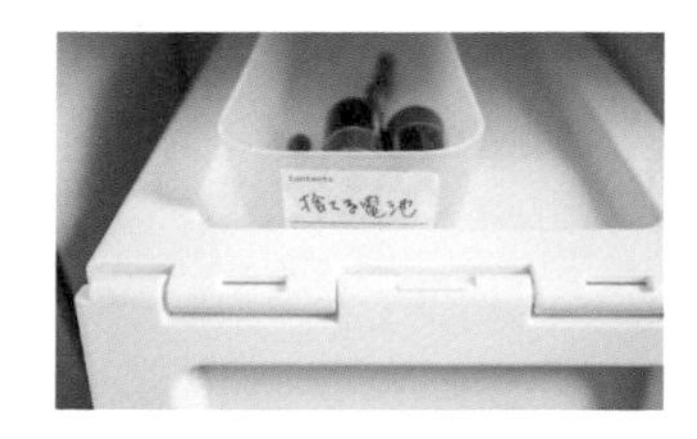

E 乾電池回收箱

待回收的乾電池，收納在噴霧罐用垃圾箱上方的空隙。準備一個小一點的置物盒，囤積到一定程度後再處理。

D 附小輪子的收納箱

利用CAINZ的收納箱來做垃圾分類。這款收納箱前面和上面都有蓋子，下方附有小輪子，因此非常方便，我回購了好幾個。

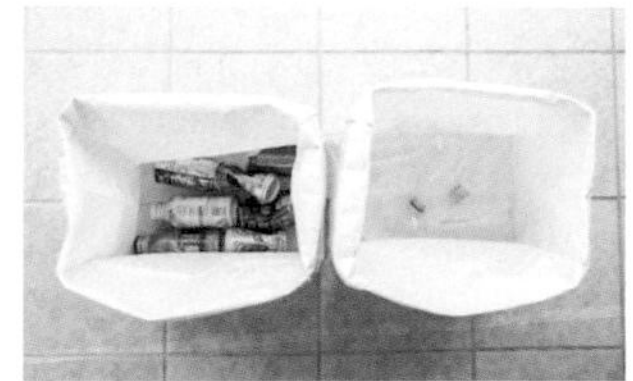

C 方便整理的大收納箱

空罐和寶特瓶因為體積較大，很快就會滿了，所以準備了大一點的收納箱。沒有蓋子，洗乾淨後就能輕鬆投入。

廁所和玄關一樣，是想盡可能把雜物藏起來的場所。從打掃用品到每天都要用到的東西，例如衛生紙、清潔用品以及打掃工具，種類和尺寸也是五花八門。將這些物品統一收到單色系的置物箱裡，盡量不讓雜物映入眼簾。

如果單純只做「藏起來」的收納的話，和其他房間的技巧一樣，統一使用白色，這也是一個看起來簡約俐落的方法。但是，廁所和其他房間也沒什麼關聯性，也不用在意貓咪入侵，所以我就試著打造成咖啡館風格。不需要太整齊劃一，留有一些樸實的痕跡也沒關係，決定好一個關鍵字或主題後，就試著放手玩玩看吧！

善用文青風小物 把廁所DIY成咖啡館風格

Mori's COMMENT

廁所的空間改造，和之前提到的收納步驟有所不同。偶然在49元商店發現「黑板壁貼」這個商品，因此想要動手試試看。正因為廁所是一個很小的空間，大膽地加入一些實驗性質的裝飾元素也不錯，我是以這樣的心情一邊享受、一邊著手改造。

用一萬日圓完成的咖啡館風格

原本簡潔樸素的廁所，以一萬日圓大大地改變了氛圍。壁紙和黑板壁貼購自49元商店。IKEA的燈飾，加上在CAINZ裁切的層板，植物裝飾是我自己用幾種人造花組合搭配而成的。

黑板壁貼加上粉筆藝術字

想要嘗試用粉筆寫藝術字，因此貼上了49元商店的黑板壁貼。手寫的文字宛如咖啡館的陳設一般。

酷酷的鐵製衛生紙架

衛生紙架是49元商店的鐵棒架。牆壁的磚頭圖紋加上鐵件，營造一點點工業風的感覺。

把清潔劑類放在檔案整理盒裡藏起來

為了把有高度的廁所清潔劑或噴霧瓶藏起來，使用IKEA的黑色檔案整理盒剛剛好。傾斜式的開口，拿取十分容易。

輕鬆開關的溼紙巾收納盒

可直接沖入馬桶的清潔用溼紙巾，放進無印良品的溼紙巾盒中。內蓋裝有墊片，不需用力就能快速開關上蓋。

可丟棄的馬桶刷頭

因為衛生方面的考量，也為了避免貓咪不小心接觸到，我家使用拋棄式的馬桶刷頭，用完一次就丟掉。替換的刷頭因為含清潔劑，所以放在有蓋子的容器裡，立起來存放。

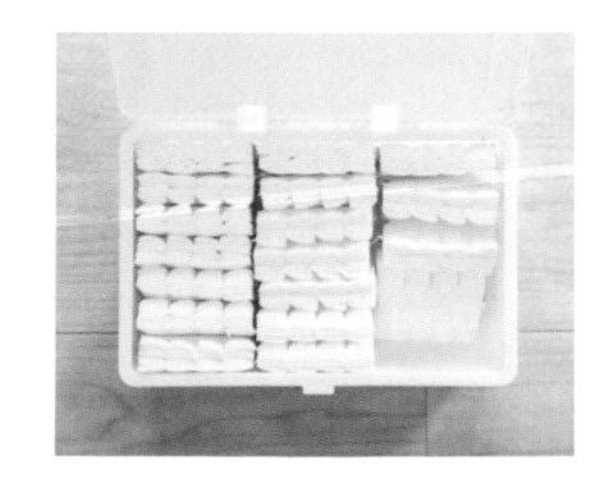

用黑白色調營造時尚雅致感

裝上層板，創造出可以放置物箱或是裝飾綠意的空間。原本無處收納的衛生清潔用品，可以放在附蓋置物箱裡。

臥房

BEDROOM

可愛喵星人聚集！
晚上享受被貓咪圍繞的療癒之地

我家臥房和家中的其他房間一樣，基本上我只放會在這個空間使用到的東西，而我的備用寢具或打掃用品並不多，因此擁有如同步入式衣帽間的大收納空間。難得有如此充裕的空間，我把一直想嘗試的「牆面收納」導入衣櫃裡。配合想放置物品的尺寸來調整層板，活用置物推車。如果某樣東西不方便獨立放置時，我會統一放進網眼式網籃或抽屜裡。因為布料類的東西很多，很容易沾上貓毛，所以平常都會把衣櫃門關起來。

在臥房裡，為了讓貓咪們可以好好放鬆休息，還放置了貓跳台、飲水碗以及各式各樣的玩具。

Mori's COMMENT

這是我家日照最好的房間，白天我會在這裡看看書，或是一邊休息、一邊滑手機；晚上就是享受和貓咪窩在一起的療癒時光。牆壁的顏色與燈光，刻意選擇有點設計感的商品，因此比其他房間稍微個性化一些。整體上簡約俐落，混搭了一點點我自己喜歡的風格，就產生了均衡的對比感，是一個我可以自在度過的舒適空間。

被白色包圍的潔淨臥房 用跳色牆面增添趣味性

在樂天市場買了油漆和工具，把壁紙塗成橄欖綠色。四腳床架和棉被都購自無印良品。這款棉被的布料很薄，所以很容易清洗，有凹凸感的表面，透氣性非常好。窗戶的捲簾是IKEA的商品。

個人用的IKEA壁掛燈

將兩個IKEA的聚光燈分別掛在床的兩側，夫婦可以各自按手邊的按鈕來開關燈。為了避免電線散落，將幾個地方固定住。

用凳子來取代床邊桌

用外型可愛的凳子來取代床邊桌，不像床頭櫃這麼佔空間，也能提升空間質感。因為只能放少少的東西，不容易凌亂。

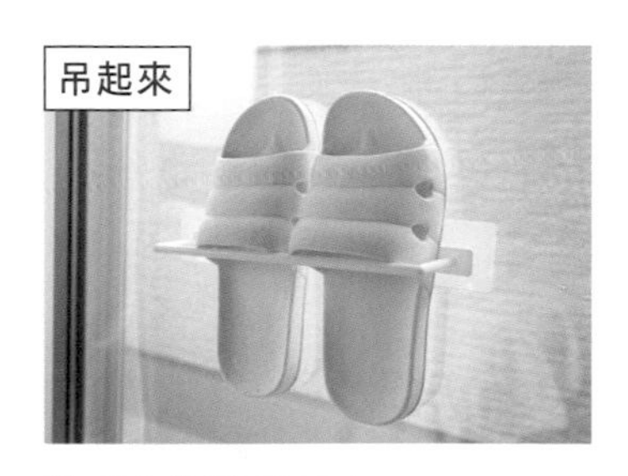

吊起來

將陽台拖鞋吊起來

陽台用的拖鞋如果一直丟在外面，有可能會弄溼或被太陽曬得熱熱的而無法穿。在落地窗上貼上架子，把拖鞋吊起來收納。

Cat Point

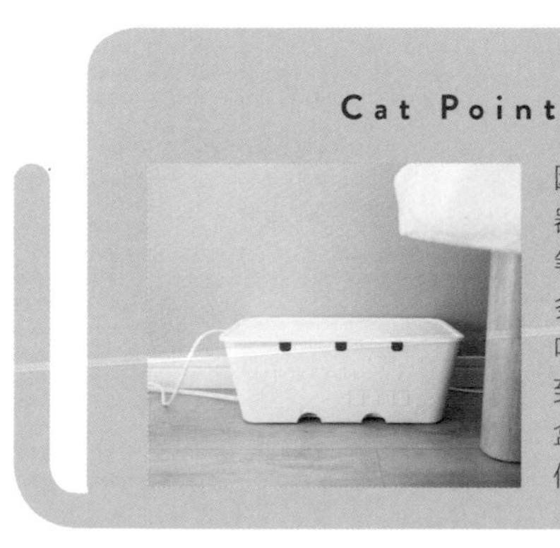

因為燈具、吸塵器或棉被烘乾機等電器的電線很多，為了避免貓咪跑來跑去時絆到腳，使用收納盒將雜亂的電線仔細藏起來。

用黃光營造臥房的輕鬆氛圍

在我家，臥房是和貓咪們一起睡覺的地方，所以會盡可能減少物品。這麼一來，即使人在睡覺的時候，就不用擔心貓咪突然暴走而受傷。黃色的燈光是房間的重點。

高達天花板！宛如步入式衣櫃的牆面收納

開放式層架一定要關好防塵也防貓

衣櫥裡的寢具類是貓咪的最愛，只要一打開，貓咪就會馬上跑進去。因此平常一定要好好關上，防止貓毛或灰塵入侵。

在臥房的衣櫥裡，存放了所有臥房會用到的物品，包括替換用的當季寢具、床罩、被套、打掃用具以及洗衣用品等等。在牆壁DIY裝上IKEA的BOAXEL上牆層架組，收納量十分足夠，完全不浪費空間。

冬天用的毯子也放進去

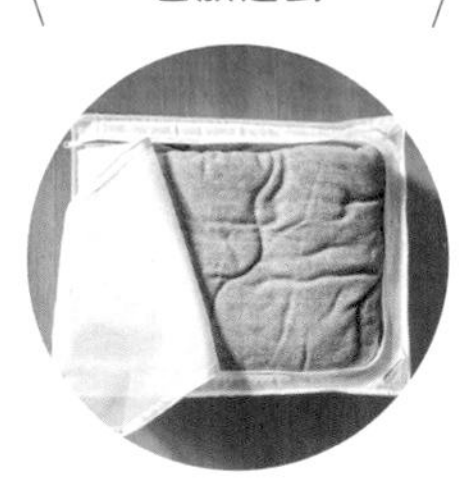

A IKEA的收納盒很輕可以輕鬆往上舉起來

在衣櫥裡較高的位置，把非當季使用的寢具收進IKEA的布製收納盒，立起來放置。因為很輕，可以輕鬆往上舉起來，直向橫向使用都OK。

C 網籃裝設在容易拿取的高度

層板下方的抽取式網籃固定在容易拿取的高度，將使用頻率高的枕頭套和棉被套等折疊整齊後立起來，美觀地放進網籃裡。

B 大的物品放在層板上

IKEA的開放式層架上，各使用兩個層板和網籃。層板上方收納枕頭或棉被烘乾機等較大的物品。

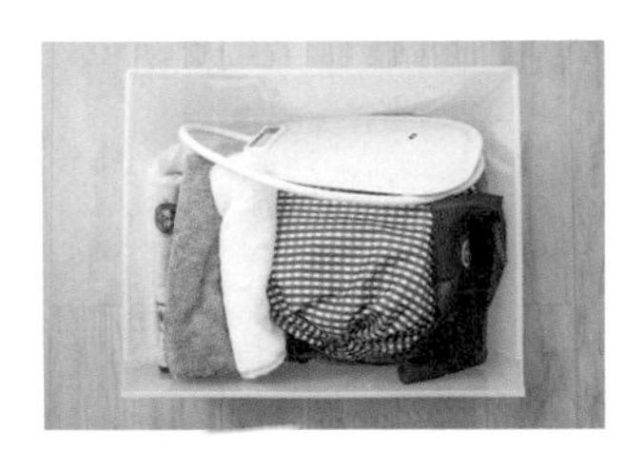

F 紙類用品的庫存

存放盒裝面紙和拖把用除塵紙。除塵紙有乾溼兩款，依不同用途區分使用。

E 棉被收納袋放在抽屜裡

使用頻率低的布製棉被收納袋，為了避免沾到貓毛或是堆積灰塵，一律折好收到抽屜裡。

D 貓咪用的蓬蓬軟軟寢具

在三層抽屜櫃的上層，放置貓咪專用的寢具，包括電熱毯、寵物用睡床等蓬鬆柔軟的用品。

G 推車要決定好每一層的規則

IKEA的三層推車，因為下方裝有車輪，即使放了重物也能輕鬆移動，也容易清潔。因為我家貓咪常常會待在臥房裡，為了能快速清潔貓毛，相關用品也放在這裡。

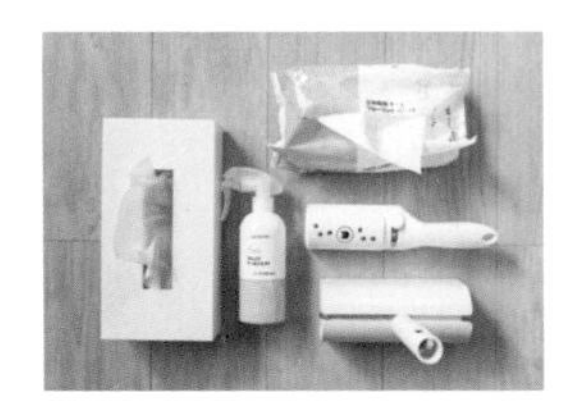

在可快速容易取出的第一層裡，放有地毯清潔用滾筒和拖把用的除塵紙等經常使用的打掃工具。

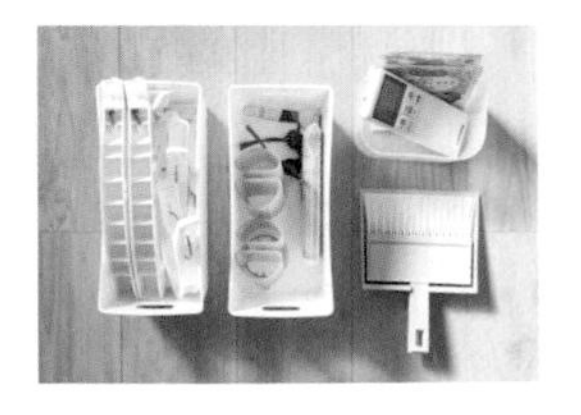

把棉被夾、棉被烘乾機的配件等常用小物分門別類，放入置物盒中，需要時隨時可拿取使用。

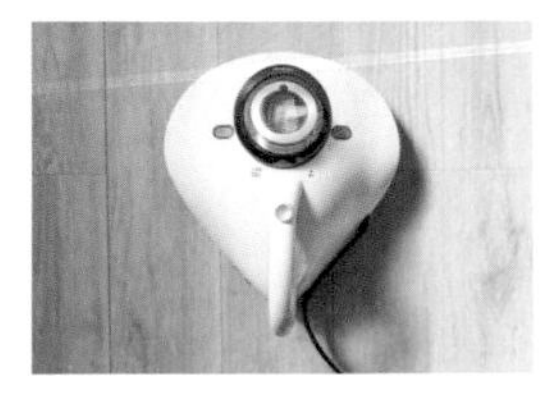

很重且電線又長的棉被吸塵器，一旦收到衣櫃深處，要拿出來就很麻煩，所以刻意放在看得到的位置。

工作室

WORK ROOM

嚮往韓系奶油白室內風格
打造清新簡約的淺色工作室

工作室，除了是我放置外出服和居家服的地方，也是我剪輯YouTube影片的工作地點。整體來說，因為是我一人獨占的空間，可以完全依照我的個人喜好來布置，因此我時常更動小地方的擺設，目標是打造出讓自己心情更好的場所。最近，我深受簡約的韓系風格吸引，因此統一改成了白色調。

在這個空間裡，我徹底活用了讓東西看起來很少的「藏起來收納」，雖然外觀看不出來，但這個房間裡放置了各式各樣的東西，從工作用的拍攝工具到非當季的衣服，我使用了布製收納盒和檔案整理盒等用品仔細分類。

不僅可以專注於工作，也能夠享受和貓咪一起玩耍的放鬆時光，這是一個兼顧工作和休閒的美好工作室。

Mori's COMMENT

在這裡我可以專心工作，也可以一邊喝咖啡、一邊和貓咪在沙發上放鬆。我家的工作室只有我一人使用，因此沒有規定詳細的規則，什麼樣的布置都可以，只要是能讓我心情愉快的氛圍就好。衣櫥的壁紙是使用49元商店的修補用壁紙貼，能夠配合心情隨時改換花色，CP值也很高，我很喜歡。

用喜歡的室內設計 聰明切換工作與休閒的氛圍

從工作桌一回頭，後面不管窗簾或燈具都是純白色的，讓人不由自主想深呼吸的療癒空間。全部家具都使用淺色系，實現令人憧憬的韓系室內設計風格，淺色系對於長時間使用電腦而疲累的雙眼也很溫和。

奶茶色系具有現代風

無印良品的層架上放著裝飾品，用奶茶色來統一色調。海報和燭台購自樂天市場，蠟燭是在日系生活雜貨店「3COINS」買的。

工作空檔的休憩空間

小巧的沙發是在樂天市場買的。因為沒有扶手，所以可以躺下來和貓咪一起玩耍。牆角的裝飾架是取代邊桌用的。

Cat Point

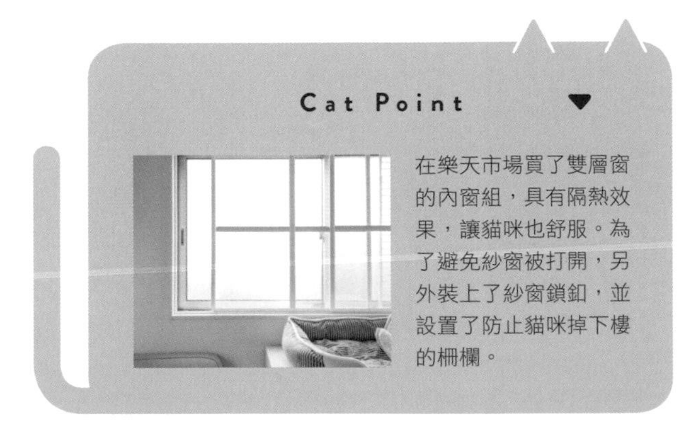

在樂天市場買了雙層窗的內窗組，具有隔熱效果，讓貓咪也舒服。為了避免紗窗被打開，另外裝上了紗窗鎖釦，並設置了防止貓咪掉下樓的柵欄。

電腦旁的壓克力架，立起來擺設的是「森之家」的獨創商品。筆記本的封面畫了我的三隻愛貓MOKO、HANA和SORA，工作時看見就能保持心情愉快。

讓效率突飛猛進的工作桌周邊

為了貓咪，在地板上放了地墊

少見的白色辦公椅購買自IKEA。地板上，為了避免椅子突然移動而造成貓咪受傷，另外鋪上四片組合式地墊。

電腦的主機放在腳邊

因為想保持工作桌上乾乾淨淨的狀態，所以將電腦主機放在工作桌下方的櫃子裡。櫃子下方附有小輪子，打掃起來十分輕鬆。

融合在一起

工作桌旁放置的抽屜櫃購買自IKEA，清爽整潔的外觀與白色的工作桌完美融合，不論是單獨使用或是組合在一起都沒問題。主要收納文具以及各種工作相關資料。

桌子上面盡量不放東西

第2層

集中放置各種財務資料

和抽屜大小剛好吻合的IKEA收納盒裡，彙整了所有財務相關的資料，以一個月為單位整理一次。

第1層

沒有筆筒，把文具放進抽屜裡

在抽屜櫃的最上層收納文具。用49元商店的刀叉湯匙用收納盒，或是有分隔的小東西置物盒組合而成。

A 我把許多人都會放在桌面的印表機收進收納櫃中。如果放在常常看得見的地方，就會覺得一直處在工作模式。

B 想要收藏的文件分類後放進檔案盒。喜歡的書或雜誌只放這個空間放得下的量。

C 印表機用的專用紙庫存。比起不拆包裝直接放進去，藏在有自然風印象的抽屜裡，更加整齊舒服。

D 中間的格子，用小一點的收納盒分門別類。存放著墨水匣、印表機連接線、手機相關用品或小置物包。

E 信封類或外接式硬碟等物品的收納空間。電線類先用束帶束起來，再分類放進小置物包裡。

選擇了比窗戶的高度稍微低一點的收納櫃，雙門對開的大容量款式。因為每一層的高度都不同，所以可以根據內容物放置各種大小的物品，從書籍、雜誌等有高度的東西到各種文件，空間一點都不浪費，放得剛剛好。

「看起來整潔舒適又容易拿取」

使用頻率低的紙類放在最下層

用49元商店的整理盒存放紙類，例如便條紙、紙袋和貼紙等等，雖然使用頻率不太高，家裡如果常備著，就會感到比較安心。

中間層放保養用品和清潔用品

存放有抽取式面紙和除塵紙，桌上出現令人在意的髒污時可隨手擦拭。護手霜或指甲刀也放這裡，想到時就能立刻拿出來用。

親手創造出的魔法空間
換衣服時也會很開心

灰藍色的壁紙是49元商店的修補用壁紙貼。五層抽屜櫃購自IKEA，櫃子上方自由陳列了我喜歡的各種擺飾，都購自「3COINS」家飾用品店。

為陰暗的衣櫥增加亮度

裝設了IKEA的LED燈條。使用49元商店的電線夾或配線槽，電源開關設置在不明顯的位置。

開關在不明顯的位置

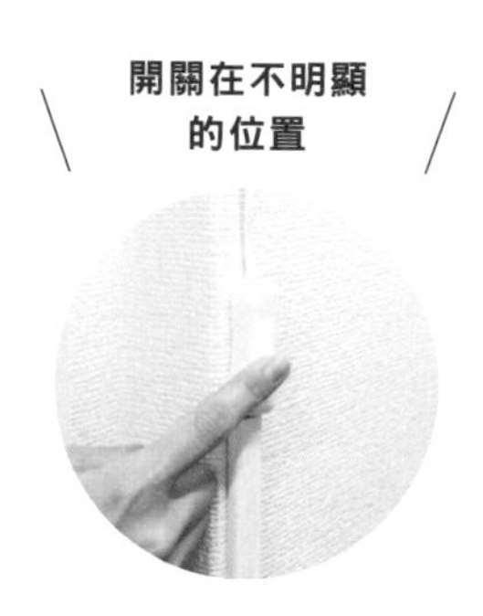

A 妥善保護衣物的換季用收納盒

非當季的衣服通通收進IKEA的布製收納盒裡。因為附有蓋子，不但可以防塵，也可以立起來放。邊角有通風網設計，透氣性也不錯。

C 展現新風貌的簡約掛衣架

把原本衣櫥裡掛衣服用的掛衣桿拆掉，買了白色的掛衣架。衣架統一用可以省空間又不會滑動的MAWA衣架。

統一衣架款式

B 大型收納盒不用細分品項

將使用頻率低的包包、圍巾等季節小物、瑜珈墊與運動服，放在衣櫥的最上層。因為有各式各樣的形狀，所以不細分種類，隨意收進大型收納盒中。

D **讓出門前的打扮變得充滿期待**

最上面的淺層抽屜裡，平放著手錶、飾品和錢包等外出前的必要小物，像精品店一樣的陳列方式。全部都是購買自49元商店的飾品收納盒，與戒指用和格子狀分格盒組合起來使用。

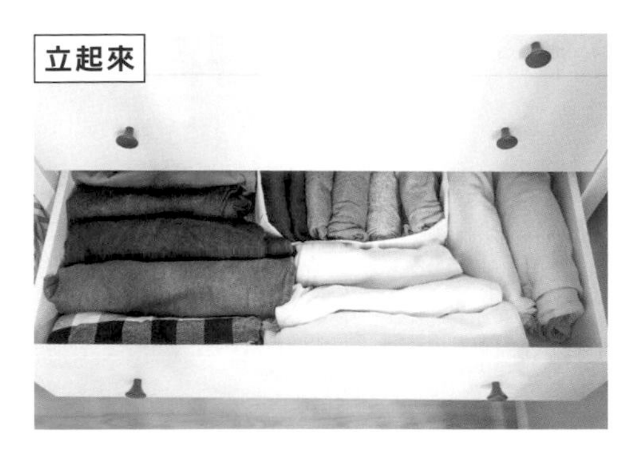

F **常穿的下半身衣物放在容易拿取的抽屜**

四季都會穿的下半身衣物，放在不需要彎腰就能拿到的高度。布料較軟的內搭褲就立起來放入收納盒中。

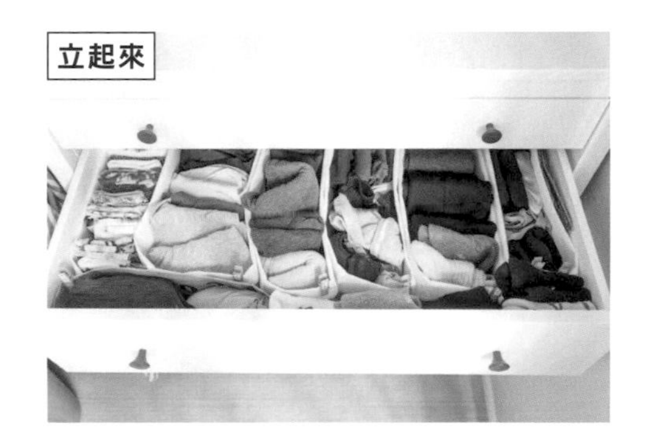

E **使用細長型收納盒就能預防凌亂**

手帕、內衣褲和襪子都折疊起來，立起來放在細長的收納盒裡。只要仔細地分隔開來，就不容易變亂，而且一眼就能看見東西放在哪裡。收納盒上方用小夾子來做分類標籤。

H **居家服放在最下面**

需要長時間在家進行影片剪輯時，可能會好幾天在家不出門，因此準備了好幾套舒適的居家服。上下一套放在一起，立起來放置。

G **上衣要配合厚度擺放**

襯衫、汗衫等上衣要依照不同的厚度排列，立起來擺放。針織衫等柔軟布料的衣服就放入收納盒中，同樣立起來收納。

夫婦兩人共處的時間
在陽台咖啡館度過

我家二樓外面有個陽台，原本外牆高度只有一公尺左右，從外面可以輕易看見裡面的狀況，因為隱私度不佳，所以剛搬進來的時候，幾乎沒有在使用。但是，偶爾也想在天氣晴朗的假日或是假日的前一晚，在戶外度過一段放鬆的時光，於是就和老公一起改造了陽台。在原本牆上架上圍欄來遮擋住外面的視線，地板貼上戶外用的木質拼裝地板，打造出舒服自在的氛圍。

因為家裡有養貓，不太能種植物，因此把觀葉植物擺在陽台。我想對不少家庭來說，陽台就是堆放雜物的場所，甚至只是用來暫時放置垃圾的地方，但其實只要在室內把東西整理好的話，就能按照自己的喜好來布置陽台，很推薦大家親手打造出一個戶外的居家休憩地。

Mori's COMMENT

我在選購收納用品的時候，一開始會先在腦海裡描繪出想要的樣子。我會先去常去的生活用品店裡尋找適合的物品，但偶爾也會遇到「形狀雖然不錯，但是尺寸不合」或是「尺寸雖然很合，但是顏色不對」而感到可惜的情況。這種時候，我就會DIY自己動手做。最初雖然會有點辛苦，但是習慣了之後就會很有成就感，而且還會欲罷不能。

天氣晴朗的假日，也會待在陽台上看書。因為要在這裡享用咖啡或酒，所以特地選了低一點的桌子。

「用木造家具和植物打造自然舒適的空間」

配合目的來選擇必要的東西

陽台沒有屋頂，下雨時物品會被淋濕，因此裝潢擺設只有桌椅，並特地選擇即使被水淋溼也無所謂的材質。

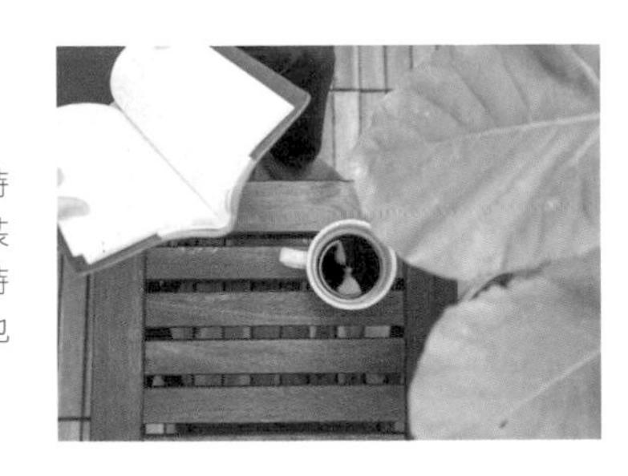

＼ 拼裝般的感覺 ／

＼ 顏色是我們自己塗的 ／

將遮蔽視線用的圍欄架起來

為了避免被附近鄰居看到，想要保有隱私度，因此購入CAINZ的柵欄圍牆。原本是棕色的圍欄，但是因為喜歡白色簡約風，塗上了白色油漆。

DVD檔案夾上有類別和年代等標示，可節省尋找的時間。使用寬約2公分的標籤膠帶。

只要貼上數字標籤膠帶，當老公問「某某物品在哪裡？」時，就可以立刻告訴他號碼。

在刀叉湯匙類的整理盒裡，貼上附插圖的標籤。用白色標籤膠帶，用小一點的文字，讓標籤不會太明顯。

標籤整理術

為了能一眼看懂內容物，
使用專業標籤機創造時尚貼紙，
大大提升收納效率！

在日本，用手機APP「Hello」開啟藍芽，就能製作獨創的標籤。尺寸、設計、插圖可自由選擇。

標籤機

白色紙膠帶

想要多長的標籤就取多長，即使撕掉也不會殘留痕跡。常用在記錄食材的有效期限等需要常更換貼標籤的東西上。

COLUMN | LABEL

49元商店的廚房用標籤，可以直接寫上日期和內容。因為附有可撕開膠帶的切割刀，即使徒手也能撕得乾淨俐落。

寫上日期後直接貼在冷凍米飯上面。為了能隨手拿到標籤，在冰箱旁邊放了一組麥克筆和白色紙膠帶。

白色紙膠帶很適合貼在簡約的置物盒上，我非常愛用。拉到想要的尺寸後直接撕下來也超級方便。

［標籤貼紙的使用方式］

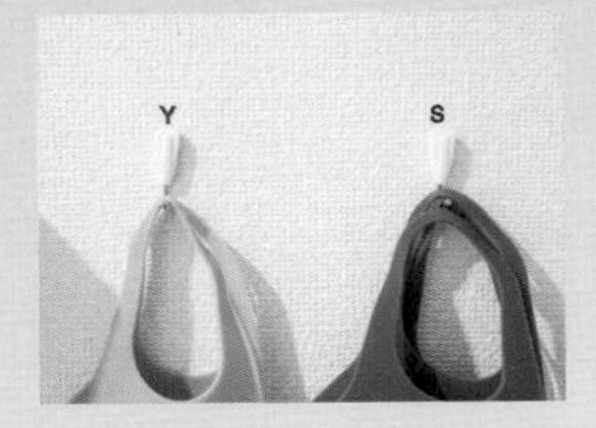

多加一道工序，就變化成完美的口罩掛勾。貼上夫婦各自的字母縮寫，一眼就能分辨。

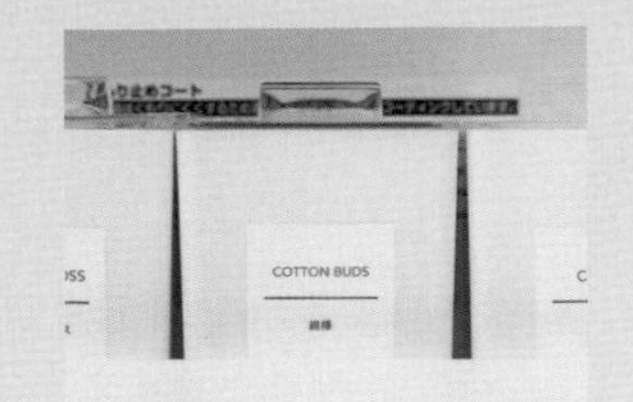

替換容器專用的標籤貼紙，購自49元商店。標籤的樣式與位置全部相同，營造一致性。

油漆、工具類的玄關收納。雖然將內容物完全隱藏起來，但還是能知道裡面裝了什麼。

2 居家收納必備神技能！

只要貼上去就有時尚感，使用方法也很簡單。廚房用的要選擇防水性佳的材質，以免沾到水後字跡糊掉。

標籤貼紙

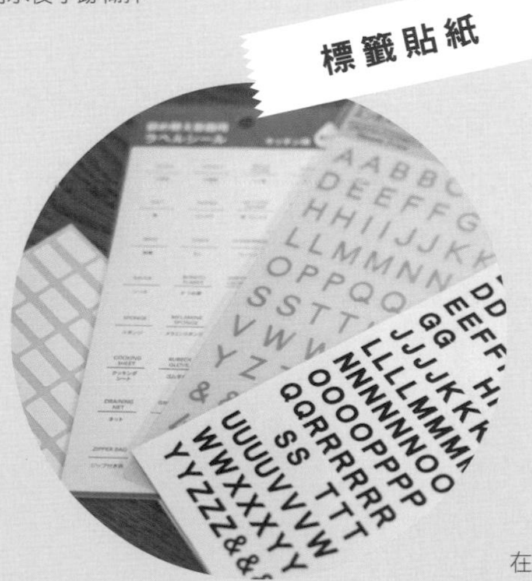

吊牌

STORAGE

在不適合貼標籤的地方，這種收納吊牌就可以派上用場。因為放吊牌的地方可以任意更換，根據不同的收納場所，可以自由吊掛在最容易看得到的位置。

［吊牌的使用方式］

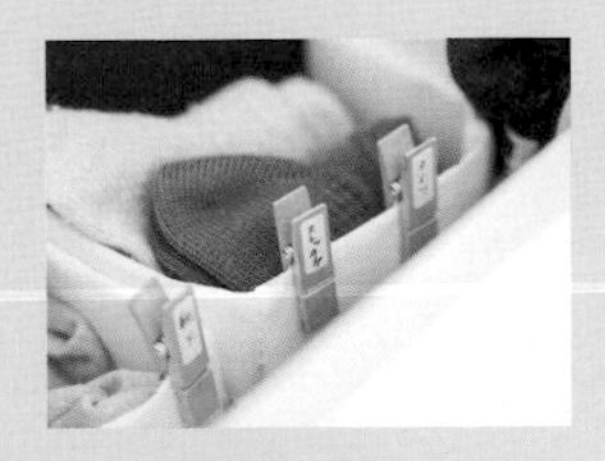
活用標示夾，創意滿載的衣物收納盒。每樣物品都有固定的位置，能夠省去每日思考收納與拿取的多餘步驟。

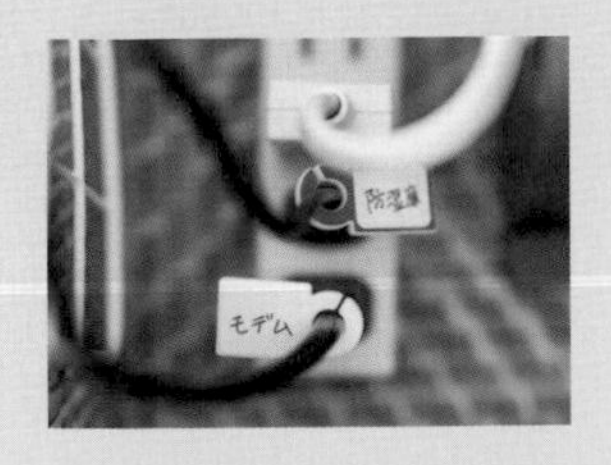

收納好物品之後，也要思考「從哪裡看會比較清楚」。為了看清楚籃子裡的電線而裝上標示牌，避免拔錯插頭。

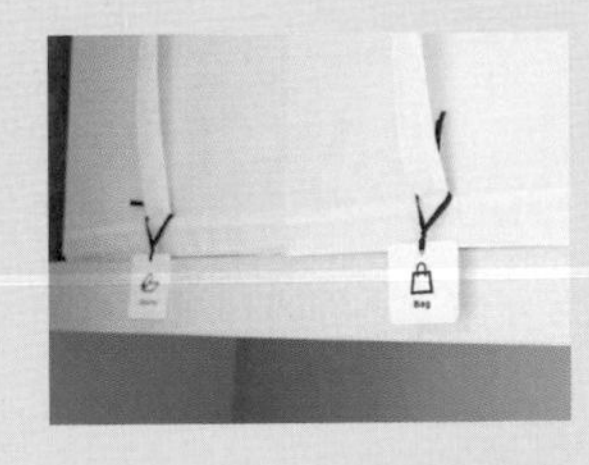
衣櫥上層的架子不容易看到標籤，為了從下面也能清楚看到文字，因此裝上吊牌。插圖是我自己嘗試用Photoshop製作的得意之作。

小空間的
重點收納

如果覺得一口氣改造房間或重新收納是個大工程，
請從小範圍開始，一點一點地逐步整理吧。
在這一章，要介紹化妝箱、
充電站、文件整理等小空間的收納術。
雖然是很小的地方，但幾乎是每天都會使用到的場所。
即使只是一個小角落，但只要收拾得很整齊，
就會有滿滿的成就感，
說不定還會喚醒你內心深處的收納魂！

小空間的重點收納

包包

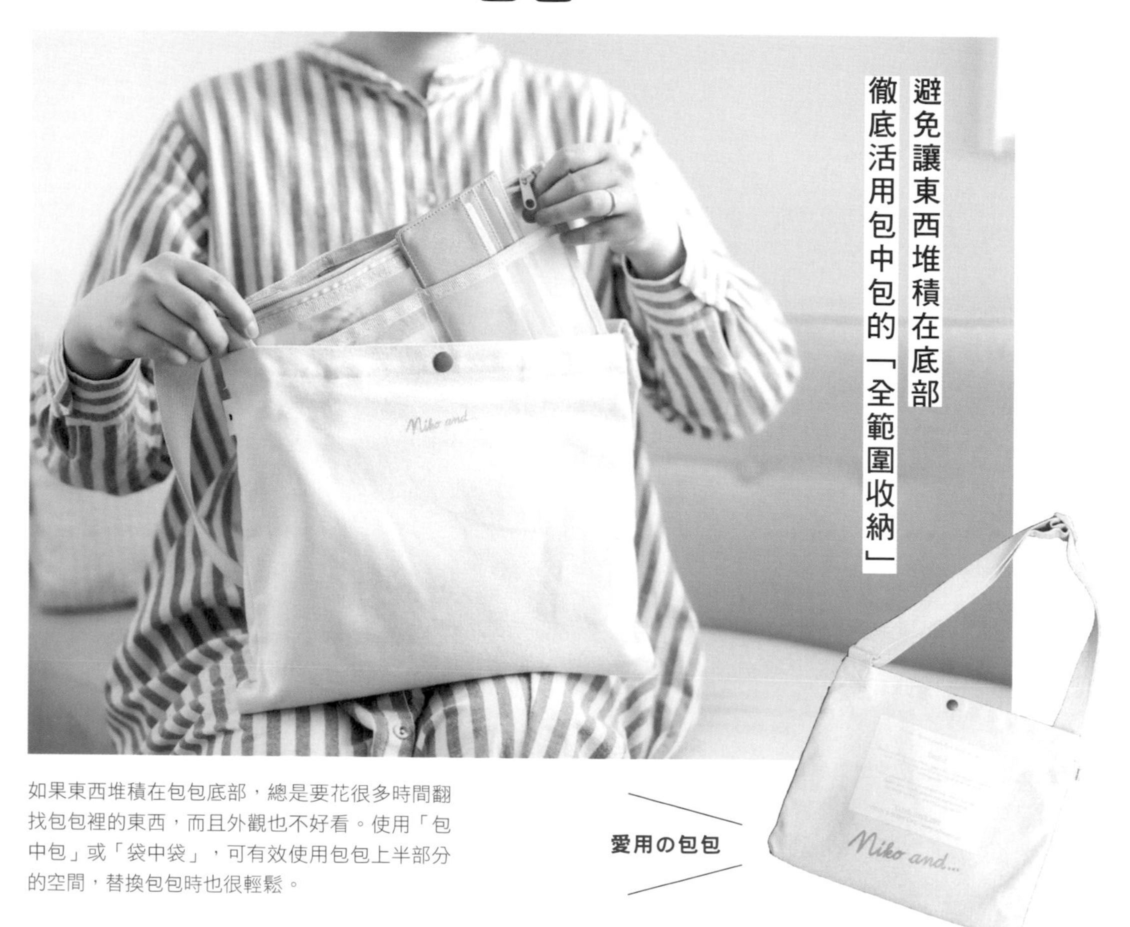

如果東西堆積在包包底部，總是要花很多時間翻找包包裡的東西，而且外觀也不好看。使用「包中包」或「袋中袋」，可有效使用包包上半部分的空間，替換包包時也很輕鬆。

愛用の包包

外出時最愛用的托特包，
我很喜歡它簡約的設計和
舒服的棉布材質。

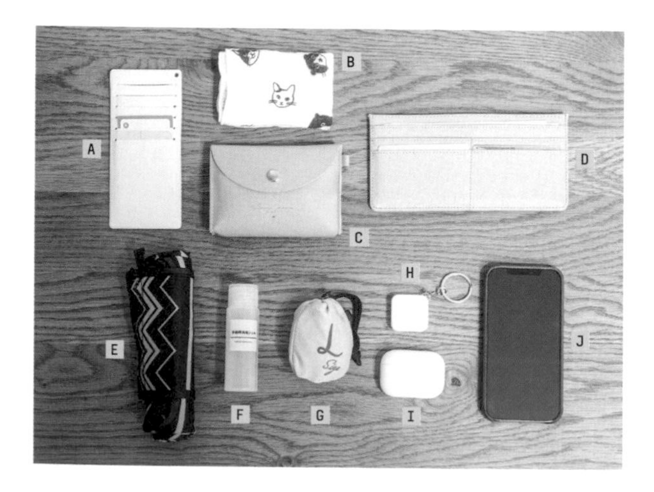

〔包包的內容物〕

- A 卡片夾
- B 手帕
- C 化妝包
- D 錢包
- E 購物袋（大）
- F 消毒液
- G 環保購物袋（小）
- H 量尺
- I 耳機
- J 手機

我時常會去生活用品店尋找收納用品，因此量尺是我的出門常備物品。疫情期間我也習慣隨身攜帶消毒液，包包要為此預留一個位置。只要先決定好每一樣東西放置的地方，就能避免忘記帶東西。

聰明使用包中包收納

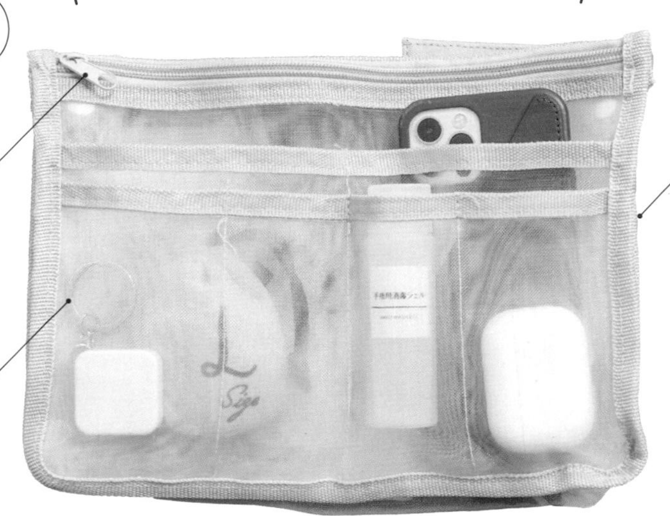

購買自49元商店。共有9個口袋，大容量的網狀材質，容易看到內部，每樣東西的位置都能一目瞭然。

- POINT -

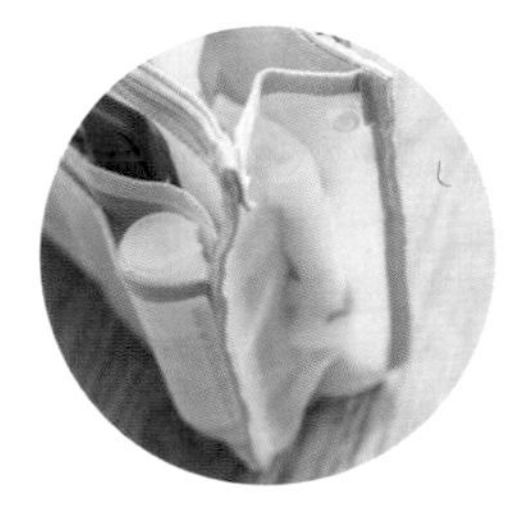

厚度可以自由調整
增加東西也沒問題

側邊有拉鍊，可配合東西的大小、數量來調整寬度或厚度。把底部拉開，把包包立起來放的話，就能防止變形。

包中包的口袋要適用於
自己的物品

要確認每日攜帶小物的尺寸，是否能放入包中包的口袋。如果袋口夠大，就可以直接收進包包，也可以快速取出。

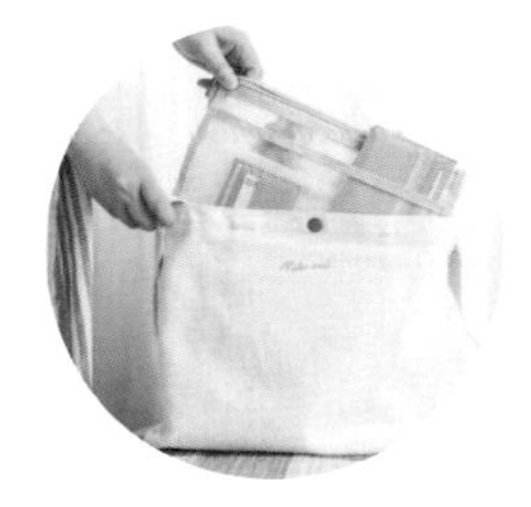

把東西全部放在一包
整包替換就OK

要用其他的包包時，直接整包換過去，就能輕鬆更換完畢。耳機等小東西也不會亂七八糟的，不用擔心會搞丟。

背後背包的時候
使用直向型的包中包

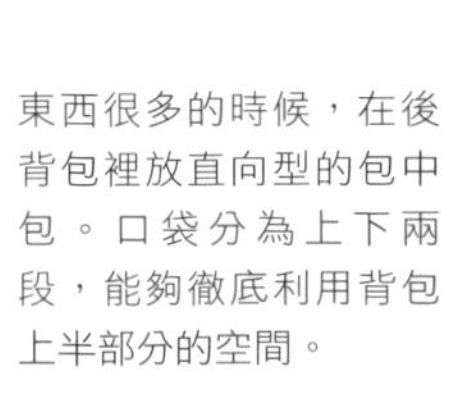

東西很多的時候，在後背包裡放直向型的包中包。口袋分為上下兩段，能夠徹底利用背包上半部分的空間。

小空間的重點收納

化妝箱

將化妝品品項控制在最低限度
打造「順手感」的便利箱

為了不要讓每天化妝備感壓力，關鍵是化妝箱裡只放進必要的化妝品，而且容易找到每一樣東西。為了容易取出每一樣物品，我也自己DIY了一些創意用品。如果發現手邊的化妝品過多，建議要配合季節來為化妝品「換季」。

〔化妝箱的內容物〕

- A 鏡子
- B 粉底
- C 眼影盤
- D 染眉膏、唇膏
- E 彩妝刷具
- F 剪刀、修眉刀等等
- G 修眉刀備用刀片

**只留下必要的用品
我的極簡化妝箱**

決定好固定位置，就容易取出

每一樣化妝品都經過嚴選，放在A4尺寸的收納箱裡。為了讓內容物看起來整齊，對於小工具的顏色挑選也很講究。化妝箱附有內蓋，直立放置也沒問題。

箱子的背面
貼上防滑貼片

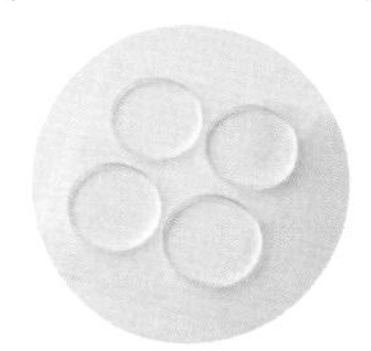

在整理盒底部貼上防滑貼片，防止盒子晃動。推薦全透明的款式，不影響外觀。

從眼影盤到保養用品用整理盒細分品項

使用三個寬6.7cm、一個寬10cm的整理盒，剛剛好收納在箱子裡。也可以用隔板隔成兩等分。刻意選用顏色較低調的化妝工具，和化妝箱的色調融合在一起。

[個人眼影盤的製作方法]

使用49元商店的鋁製卡片盒，在裡面貼上2×2cm可裁式的磁鐵貼片。

在每個眼影的底部貼上背膠磁鐵條，整齊放入卡片盒排列好即完成。因為兩邊都裝了磁鐵，所以不會鬆脫。

只留下「喜歡顏色」的個人眼影盤

這個眼影盤的顏色是我自己組合出來的，只留下真正會使用的顏色，不要的顏色直接丟棄。底部裝有磁鐵，可以自由替換顏色的獨創用品。

「使用」、「收納」都在同一個地點讓客廳成為舒適的化妝空間

我習慣在客廳裡化妝，因此把化妝箱放在客廳，省下拿進拿出的不便。因為是附把手的直立式收納箱，所以直放、橫放都OK，搬運也很簡單。

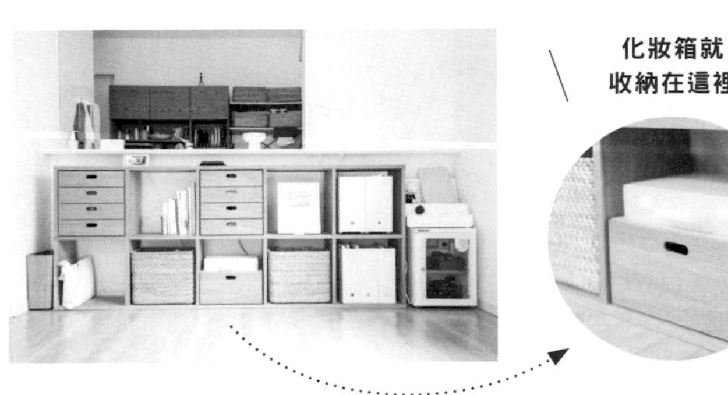

化妝箱就
收納在這裡

小空間的重點收納

電線&線材

把雜亂的電線集中整理
清爽的桌面讓工作更有效率

大部分人家中的電視櫃和電腦後方，總是纏繞著一堆電線，因為覺得沒有人會看見，不知不覺就置之不理了。只要活用收納架或層架，就能讓雜亂的電線變整齊。讓地板維持不放任何東西的狀態是很重要的，清潔地面也會變得比較輕鬆。

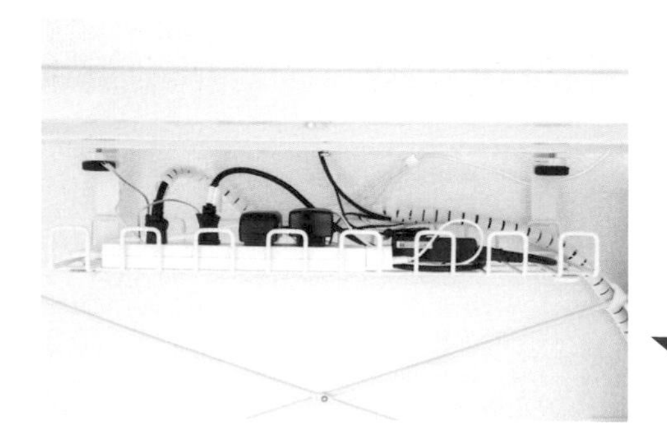

不容易沾染灰塵的Garage鐵網電線收納架。使用插座孔間隔很大的延長線，就算是體積大的變壓器插頭，也可以毫不費力地使用。

＼ 時尚又整潔的工作桌周圍 ／

桌上型電腦、外接式硬碟、手機充電器等等，工作桌下面的東西又雜又多。只要在工作桌的桌面下裝設收納架，立刻讓雜亂感消失不見。

活用空隙空間
電視背面的配線整理術

電視機的背面線材總是亂七八糟，又容易積灰塵。解決妙招是在電視背面設置層架，把電線收在一起，打掃起來又快又方便。

- P O I N T -

用49元商店的擋書板和萬用架，自己DIY製作的遊戲把手收納架。

只要固定在電視背面的螺絲孔裡，就能簡單架設。也可以當作遊戲機的放置場所。

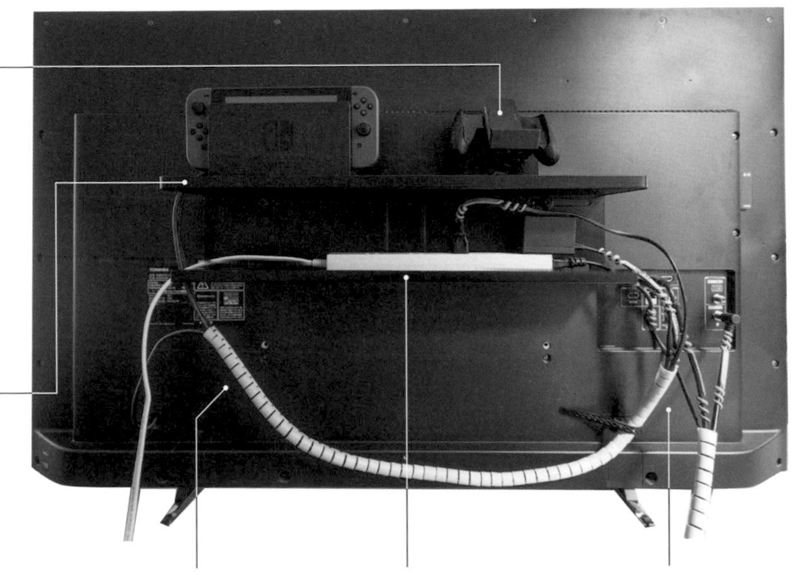

使用層架
增加收納的場所

關於電視背面的整理，我使用日本山崎的電視背面收納架。如此一來，原本小東西散亂的電視周邊就變得很整齊。

用49元商店的電線保護管，把好幾條的電線包在一起，外觀看起來輕巧不凌亂。

ELECOM的延長線。底部裝上磁鐵，即使插著變壓器插頭時也不會因為過重而傾倒。

為了清楚知道是什麼電線而裝上標籤。也寫上開始使用的日期，做安全上的管理。

ATTENTION

- **電線用束帶或保護管包在一起就會變整齊**
- **選延長線的時候，也要考慮防雷擊等安全性**
- **仔細整理好電線周邊，就能防止觸電或火災**

小空間的重點收納

充電站

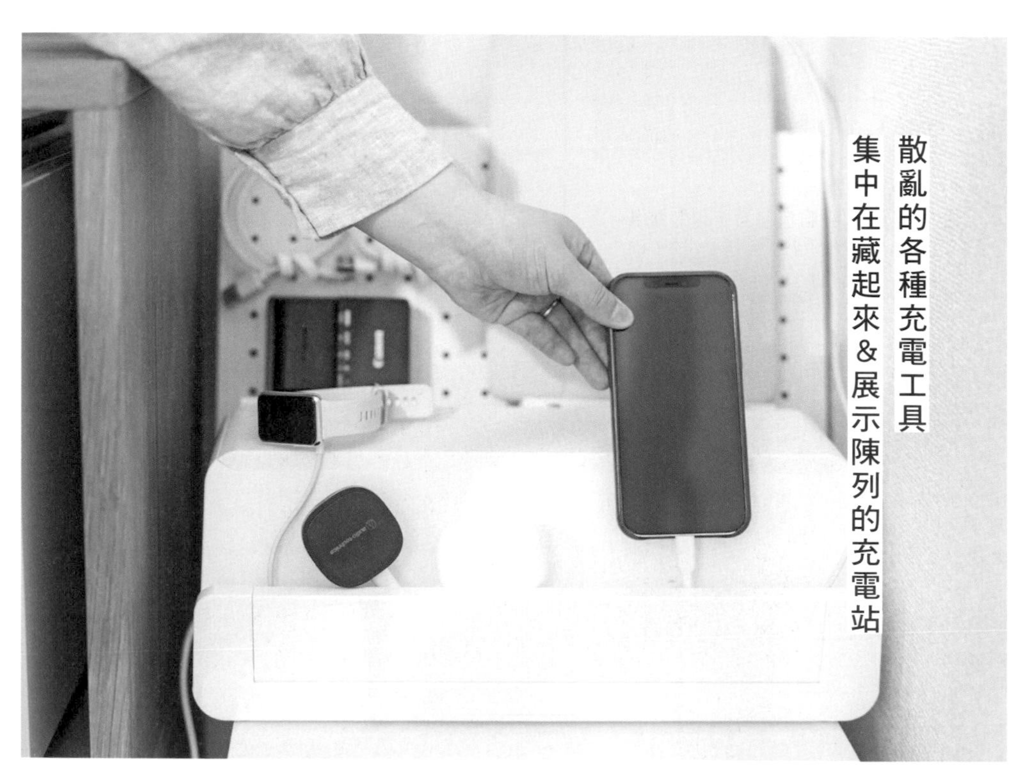

每年都在增加的電子裝置，推薦大家設計一個「充電站」來集中管理。將電線和充電器「藏起來」收納，只要凌亂感消失，外觀就會顯得整潔漂亮。在後方裝上一個洞洞板，用來陳列展示「看得見」的收納。如此一來，充電時會變得快速愜意，不會再遍尋不著正確的充電線。

需要充電的東西越來越多，充電線和轉接頭只會不斷「增生」，如果不處理就會顯得雜亂。建議趁這個機會，購買新的電線和充電器插頭來替換。

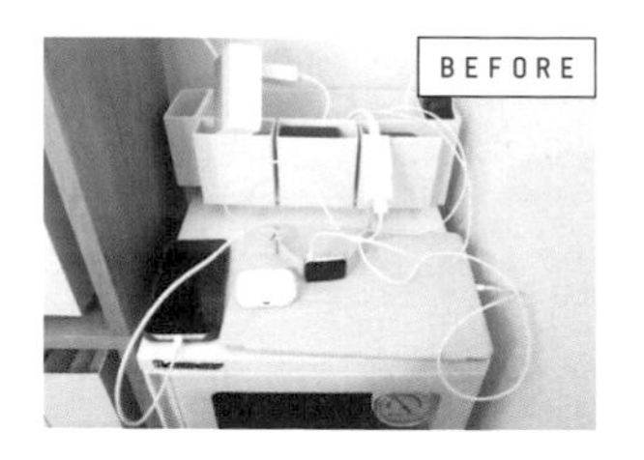

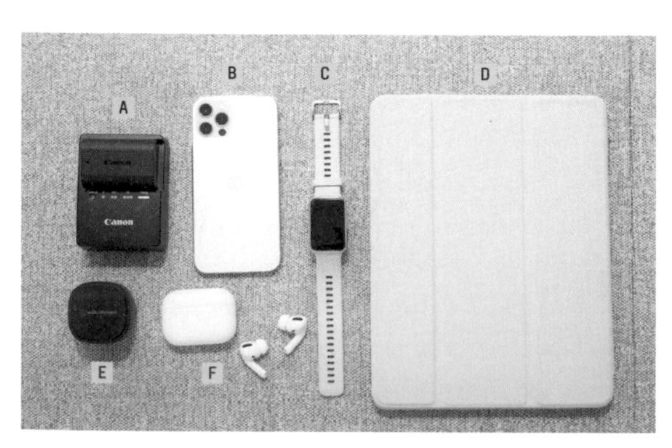

〔充電站的東西〕

- A 相機充電器
- B 手機
- C 智慧型手錶
- D 平板電腦
- E 耳機（夫）
- F 耳機（妻）

平板電腦等必須充電的電子裝置，總共有6種。利用充電站的平台和洞洞板，讓充電設備的設置一覽無遺，充電過程如何也能一目瞭然。

- POINT -

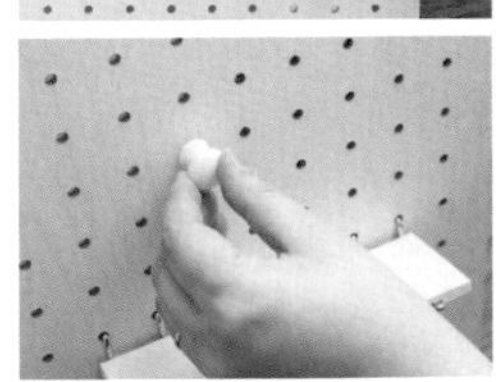

沒地方放的機器
放在可擴充空間上

檯面上放不下的配件，就放在用洞洞板和配件架設出來的擴充空間上。這些材料都可以在網路商店購得。

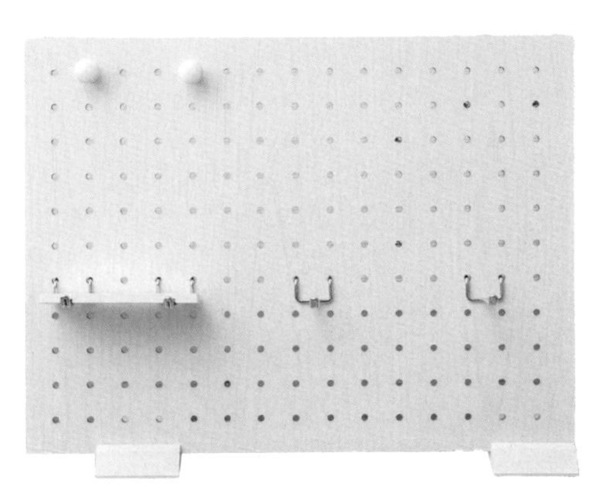

洞洞板專用的層板或掛勾、圓釦型掛勾可依個人需求另外購入。請配合電子裝置的大小與形狀，試著自由變換配置吧。

在兩個掛勾上架上層板，就變成專門放置平板電腦的地方。想要使用的時候，也能立刻輕鬆拿起來。

偶爾才會用到的電線也能收好放在這裡。只要用電線束帶束好，掛在圓釦型掛勾上即可。

使用頻率較低的相機充電器，只有在充電的時候才會從台子下面直接拉出充電線來連接。

智慧型手錶放在台子的上層充電。配合物件的大小，設定適合的位置。

使用頻率高的耳機，為了能縮短充電時間而固定連接快速充電器。

用ANKER的快速充電器縮短充電時間。另外購入短一點的充電傳輸線，讓收納更簡潔。

把延長線和電線藏起來，充電的時候，也能讓檯面看起來整齊舒服。除了平板電腦和相機充電器之外，就連使用頻率低的充電線也可收納得整整齊齊。使用快速充電器，就能節省時間。

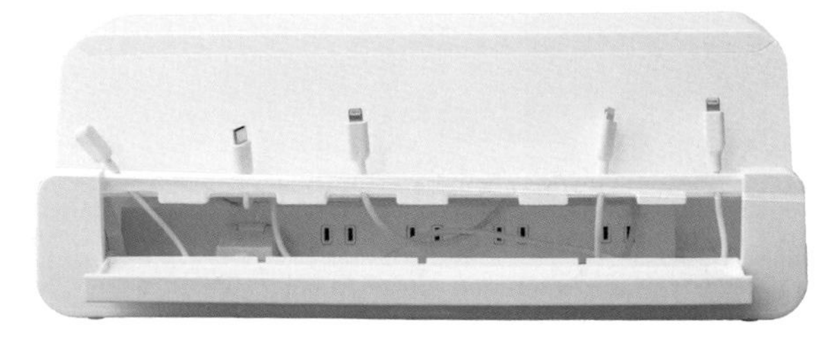

電源內藏，整齊漂亮的充電台

可讓6個裝置同時充電。灰塵不易進入，打掃很輕鬆。統一使用白色，具有整潔感。

在樂天市場買的充電台，共有6個可讓連接線穿過去的洞。下面設置造型簡約的ELECOM延長線。

小空間的重點收納

文件整理

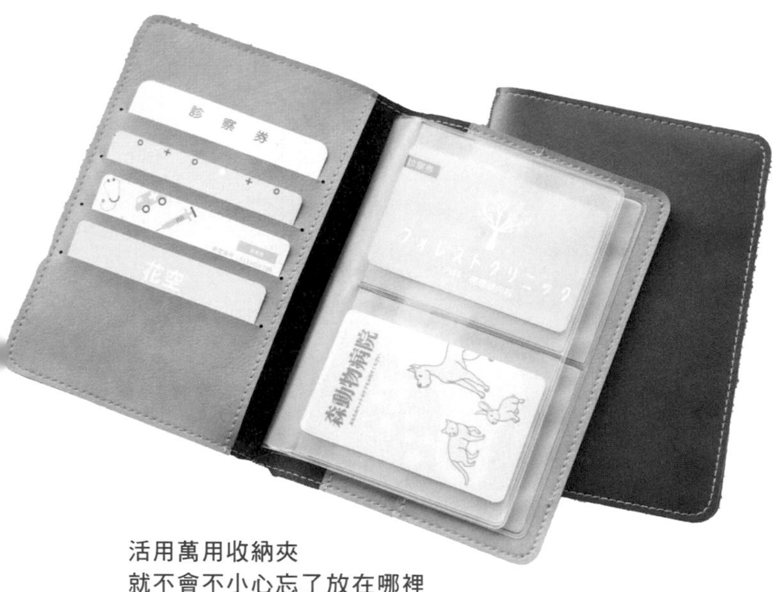

健保卡和慢性處方箋

活用萬用收納夾就不會不小心忘了放在哪裡

去醫院時要攜帶的健保卡、慢性處方箋、預約單等等，全部裝進在網路上購買的萬用收納夾，只要有了這個，就不必擔心會忘記放在哪裡。因為是半透明的，一眼就能看到卡片的位置在哪裡，重要的證件統一用這個方法保存，原本塞滿的錢包也會變得輕盈。

經常會用到的票卡放在左邊袋夾裡，取放都很方便。分成夫婦一人一本，固定放在客廳。

使用說明書

用資料夾和APP來保管重要文件

把各種文件依項目分門別類，貼上標籤後收納在無印良品的檔案盒裡。使用頻率雖然不高，但是臨時需要用到的時候，就會想急著找到，因此貼上標籤也是很重要的步驟。由於重量不輕，自己DIY在下方裝上小輪子，讓檔案盒容易移動。

在分類彙整好的文件夾貼上標籤。在日本購買的家電，可善用免費APP「トリセツ（Torisetsu）」，只要登錄家電的型號，就能把使用說明書儲存在手機中。

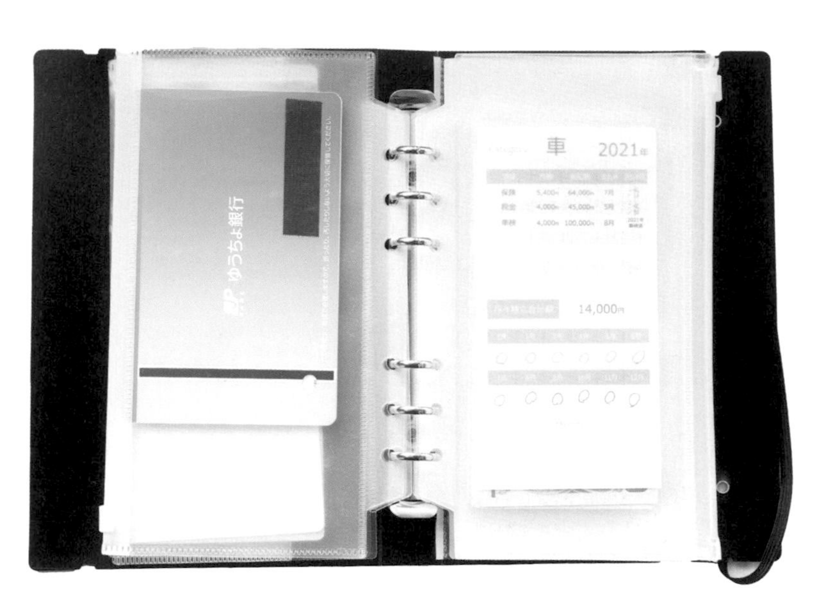

存摺和儲蓄金管理

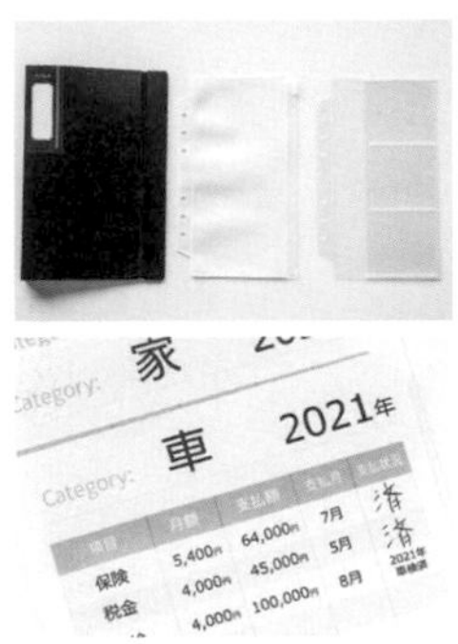

每個月的財務管理統一整理，收支一目瞭然

我使用49元商店的6孔活頁夾來管理財務，將信用卡和存摺等與金錢相關的物品，全部歸納在一起整理。用檢查表來確認，以免有漏繳的款項，讓每個月的收支變得明確。

配合用途來準備補充用內頁。我使用Photoshop來製作檢查表，可依個人喜好用Excel或手寫都OK。

收據

需要分類的時候，整理收納盒就能立刻派上用場。三個盒子分別是現金付款、信用卡付款、未確認，貼上標籤就不會弄亂。

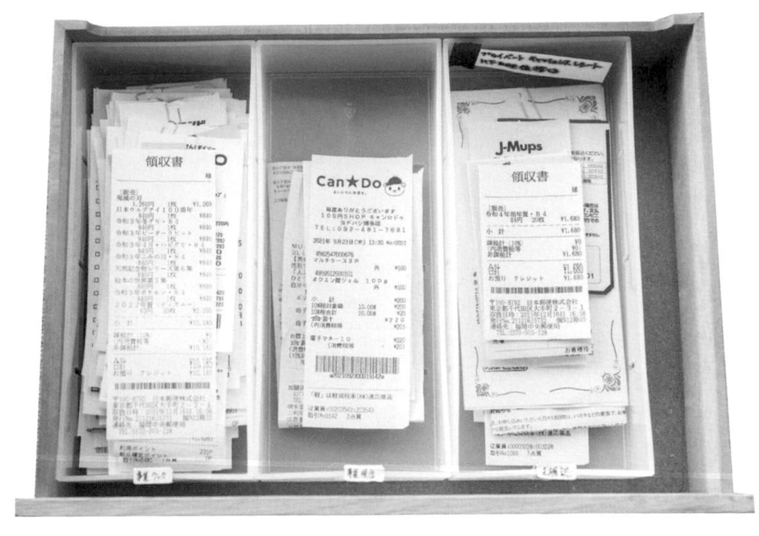

事先分類是省時省力的祕訣

收據固定放在客廳的組合層架裡，以拍攝影片的「工作用」和「家計用」的大分類來保管。先進行簡單的分類，同月份的收據用迴紋針夾在一起。因為可以直接從收納盒拿出來，隨時要檢視細節也很方便。

3 對收納有幫助的手機活用術

只要聰明活用手機APP，
文件數位化省空間，找尋物品省時間！
客製化自己喜歡的桌面，每天心情都愉快。

Mori's PHONE

COLUMN | SMARTPHONE

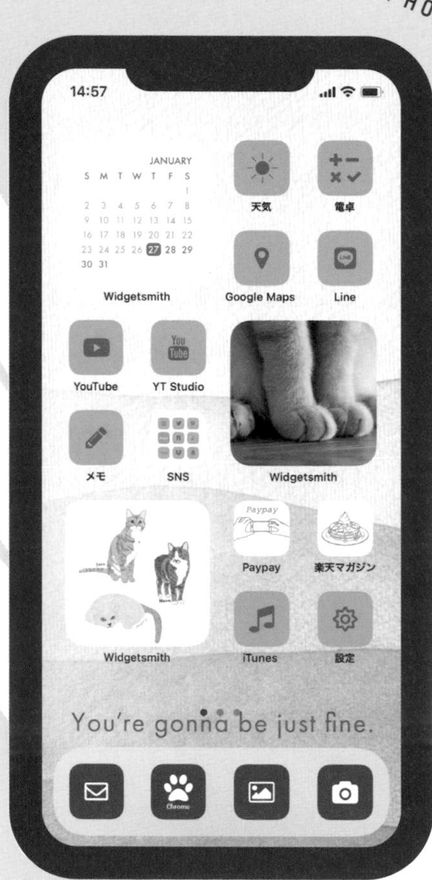

手機的MY RULE

下載了很多APP 桌面依然整齊漂亮

我的iPhone手機桌面。首先統一色系，再編排成為時尚的版面。我喜歡簡潔的風格，因此主畫面的APP圖示大小設定在最小，最常用的APP要能立即找到。因為是每天都會看見的東西，所以在畫面中置入愛貓的照片，將畫面設計成只要看一眼就會讓心情變好的版面配置。

客製你的手機桌面

如何把主畫面 按自己的喜好客製化

先決定好想要的畫面樣式，更換桌布，接下來整理APP，弄成喜歡的版面配置就完成了。可以依照個人使用習慣追加月曆、時鐘、喜歡的圖片等的小工具，請務必試試看。如果更講究設計感，推薦APP「Phonto」和「Widgetsmith」等APP。

Pinterest

豐富的圖像資料庫。想要尋找室內設計或創意點子時使用，可讓想像力不斷擴大，還能參考許多國外的時髦照片。

相機

拍攝收納地點的「改造前」與「改造後」照片，以及隨時拍下感興趣的商品。為了能隨時檢視，也可以把寫下收納點子的筆記本拍下來。

收納達人一定要安裝的APP

入手絕對不後悔
好用的手機＆平板用品

快速充電器

ANKER「Power Port Ⅲ Nano 20W」和以往的產品相比，能以最高3倍的速度完成充電。尺寸小巧，攜帶出門也十分方便。

無線充電器

無充電線的手機架設計，可以一邊操作手機、一邊快速充電。放在工作空間，隨時維持手機的足夠電量。

手機架

購自49元商店。可自由變換角度，配合桌子或床面等不同高度，能調整成容易觀看的位置。

平板保護套

用手機看不清楚的圖片或是瀏覽網站時，我會使用螢幕比較大的平板。附有觸控筆套的保護套，不用擔心把觸控筆搞丟。

浴室手機架

在3COINS購入的浴室手機架。防水且可懸掛在牆壁上，背後附有支撐架，可以站立在平台上。方便一邊泡澡、一邊追劇。

手機保護套

低調穩重的色澤和質感，越用越愛不釋手。背面附有卡片夾層，門禁卡也一起收納在此。

樂天市場

在實體商店找不到的商品，就會上網尋找。同時會出現相關商品推薦，常常會找到意想不到的好東西。台灣讀者可上蝦皮購物或奇摩拍賣等網站。

トリセツ（Torisetsu）

日本的使用說明書APP。只要輸入產品型號，就能快速找到使用說明書。從家電的說明書到開箱文，全部都能一起管理。

Hello

日本的標籤設計APP，與具有藍芽功能的標籤機連結手機使用，可以製作可愛又時尚的標籤。設計範本很豐富，我經常使用。

Instagram

使用#收納、#百元商店、#3COINS等關鍵字挖寶，我習慣每天瀏覽49元商店或喜歡品牌的新商品。

CHAPTER 5

質感空間 改造攻略

大家會在什麼情況下改變家裡的布置呢？
想要轉換心情的時候，我就會想做一些改變。
日常生活裡，如果發現有些地方使用起來不太順手，
也會思考「這裡是不是可以改造一下呢？」
雖然改造居家空間相當累，有時候我也會懶得動，
但是把理想中的樣子具體化，是令人開心的事。
既然都開始動手了，不妨就讓外觀和機能都一起升級吧。
本章會詳細介紹我家改造新面貌的步驟。

STORAGE
Accessory

STEP 1

具體化思考你要在這個空間裡做什麼事

描繪出理想空間的模樣

提到改造室內空間，或許有不少人第一個就想要移動大型家具，但其實這是最後的工作。首先請你仔細思考：你希望將家裡打造成什麼樣的風格呢？請在心中具體描繪出一個理想中的模樣。

所謂「理想中的模樣」，也包含整體呈現的氛圍，但最重要的是把「你要在這個空間裡做什麼？」擺在第一順位。廚房和浴室的用途可能是固定不變的，但是客廳或臥室的使用方式卻是因人而異。至於書房或工作室，也會因為每個人的職業、使用的工具不同而產生變化。只要確定用途以及在該空間必要的物件，接下來就是決定全體色調和主要的顏色。我覺得直接複製常見的設計點子顯得很無趣，所以經常瀏覽IG或Pinterest尋找新靈感，參考國外的房間裝潢布置。

臥房　主題：充電、休息、放輕鬆

臥房除了是晚上睡覺的地方，有時候也會在白天小睡一下，總之就是讓人好好放鬆、讓自己重新啟動的場所，因此選了淺色調的壁紙。

先從國外網站擷取參考圖片，拼貼出理想的樣貌。

工作室　主題：可專注工作也可悠閒度過

棕色的木質地板因為無法和白色統一，所以另外買了拼接地板。光是更換地板顏色就能改變整體印象。

既是工作的地點，也是經常和貓咪一起玩樂的地方，所以除了工作桌，也放了沙發等家具。主要顏色使用白色，營造明亮的氛圍。

廁所　主題：咖啡館風

廁所是用途十分明確的場所，而且也不會長時間待在裡面，所以限制也比較少。正因如此，不必在乎是否和室內裝潢相配，可以盡情發揮自己的創意，徹底實現喜歡的裝潢風格，覺得膩了也可以馬上更換成別的樣貌。現在我家是布置成布魯克林風的咖啡館空間。

在49元商店找到的黑板壁貼，一直很想挑戰自己DIY。先在白紙上嘗試過不同的字型與文字大小，反覆實驗過後才決定了最終字型。

衣櫥　主題：享受色彩搭配

我認為衣櫥是很私密的地方，是最容易彰顯個人風格的場所，因此我會定期重新檢視壁紙或櫃子上的擺設，時常動手布置改造。目前我使用淺藍色和白色的壁紙為主要顏色，以簡單俐落的韓系室內設計為重點。

把香柏木球黏起來製作而成的自創裝飾品，成本只需440日元。旁邊是購自3COINS的鏡子以及49元商店的花瓶。

STEP 2

考量簡單方便的生活動線

確定外觀的大方向之後，再思考每天生活的便利性

將理想中的空間樣貌具體化之後，接下來要思考現實生活中使用起來的便利性。如果只是單純更換壁紙或改變收納地點，即使不必在意也沒關係；但如果是購買新家具、燈具或是全新的收納用品的話，就務必要先計算好每天的生活動線。因為，改造室內空間並不只是改變房間的外觀，還要思考實際上的使用狀況。否則當你整理好之後才發現，「放進去之後，通道變得太窄了」、「收納物品塞太滿，很難拿出來」，就會造成許多不便，可能還要再重新整理一次。更講究細節的人，下一頁也提供中級與進階級步驟，請務必嘗試看看。

★★★ | 初級 |

一定要用量尺測量，掌握尺寸

並不是「確認過家具尺寸，房間裡放得下」這麼簡單，還要思考「實際放好之後，是否只剩下人能通過的縫隙呢？」諸如此類的問題。請想像一下，放進新家具後，在這個房間裡的活動會不會不方便呢？

就算再麻煩，也要用量尺把實際的尺寸數字視覺化。實際模擬一下將家具放在預定放置場所的未來樣貌。

家中備有金屬製或柔軟材質專用的量尺，預先準備好各式各樣的測量工具，配合不同的物品使用適合的量尺。

實際將新買的沙發擺放好之後，測試「人通過的時候會不會撞到什麼？」、「對貓咪有沒有危險？」等狀況。

★★★ | 中級 |

思考生活動線，試著記錄下來

描繪出自己的理想空間，並測量好家中的所有尺寸，接下來就一邊思考生活動線，一邊決定配置地點。即使是簡單的手寫也可以，請在筆記本上記下尺寸與排列方式等細節，讓點子一點一滴成形。

動手寫下之後，腦海裡的靈感就會逐漸湧現，「具體上要放什麼」、「怎麼擺放比較好？」等答案就會呼之欲出。各種收納技巧或經驗都會記錄在這個筆記本裡，留下來也很不錯。

截至目前為止我所使用過的筆記本裡，有歷代的改造布置紀錄。可以看到我一邊反覆試驗摸索、一邊慢慢整理到現在的過程。

★★★ | 進階級 |

使用電腦軟體模擬合成圖

如果懂得使用設計相關的軟體，可以試著把現在房間的照片重疊上想像中的顏色或家具。比起只在腦海中想像，用視覺化呈現，更容易看出完工後的樣子，調整也變得更簡單。

在擺設陳列上，試著放上現在猶豫不決的顏色或是物品來檢視。一方面追求外表的美觀或房間呈現的感覺，另一方面也不要忘了使用上的便利性，這兩者都很重要。

如果使用Photoshop等繪圖軟體，就可以重疊上照片或是調整顏色，能自行比較不同的版本樣式。

STEP 3

以外觀和質感來選擇物品

傾聽自己的直覺與喜好，親手觸摸每一樣商品

那麼，終於到了最後階段了。

改造室內擺設時，我挑選物品最重要的兩大要素是「外觀」和「質感」。就算是難得的好東西，如果和房間的主題調性不合，勉強購入也會顯得格格不入。此外，物品的質感和外觀一樣重要，例如同樣是木頭材質的物品，保留著樸實感的霧面木紋，和仔細打磨過的亮光漆木紋，不管是視覺效果或是觸感都完全不同。正因為是每天都會接觸的家具，即使只是小小的差異，長久累積下也會越來越顯得突兀。

雖然我從一開始的尺寸測量與改造計畫的訂定，都是著重現實面的技巧，但希望大家也能重視自己的感受，這也是享受改造空間的祕訣之一。

以客廳的置物架為例 試著思考每樣物品的挑選方法

無印良品的自由組合層架，優點是可以搭配使用的商品相當多元。配合使用目的，可自由購入收納箱、壓克力盒與抽屜櫃，實現每個人心目中對家的理想樣貌。

材質或質感如何？

選購收納用品時，盡可能親自到店裡去檢視商品，實際看過質感、顏色和重量等等之後再做決定。

尺寸或重量如何？

配合內容物來挑選收納箱的材質或尺寸，決定購買哪一樣商品。同時也要考慮到取出是否容易等問題。

整體的平衡如何？

哪一格要放入抽屜？哪一格適合放收納箱？一邊試著替換看看，一邊考慮美觀度與使用起來的便利性。

讓全家人都舒服同時考慮到貓咪的喜好

寢具或布料類的家用品，不只要注意顏色和尺寸，也要顧慮到是否為貓咪喜歡的質感。如果是牠們喜歡的布料，就會常常窩在這裡。

即使是相似的設計不同的質感會有不同的氛圍

左邊霧光材質的花瓶購自3COINS，右邊有光澤感的花瓶則是在49元商店購買的。質感不同，就會打造出不一樣的空間氛圍。

配合內容物來選擇利用透明感讓印象煥然一新

即使是相同尺寸的收納盒，半透明款式和不透明的款式，給人的觀感會完全不同。如果是不透明的收納盒，最適合收納想藏起來的東西。

從製作到上傳完成的5大步驟

\ START /

4 YouTube影片的幕後製作過程

**訂閱人數突破36萬！
首次公開講究細節的
影片幕後製作過程。**

COLUMN | YouTube

1 攝影前的準備

主題是「一直以來很想改造的居家一角」。先用筆畫下粗略的草圖，再用Photoshop讓草圖裡的概念更為明確清晰。

使用的器材是這些

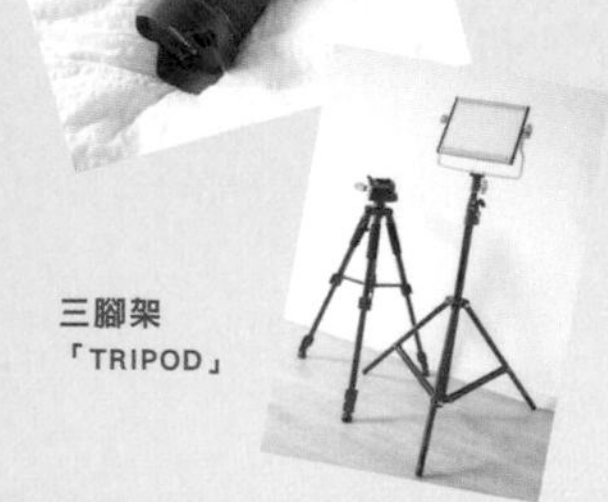

數位單眼相機「Canon EOS R」

三腳架「TRIPOD」

攝影燈「NEEWER」

2 開始拍攝

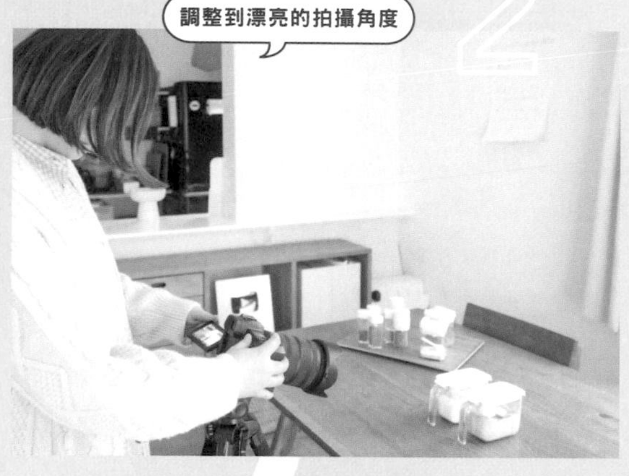

根據拍攝題材決定物體的鏡位。為了能夠自然傳達商品魅力，會嘗試用數種不同的角度拍攝。偶爾也會讓可愛的貓咪們登場。

3 拍攝第1天

試著換個角度來拍攝

拍攝商品和各種問題點。為了拍出商品的全貌，要從各種不同角度仔細拍攝特徵。對於不會動的靜物拍攝，就要適度地移動攝影機，讓商品的特色清楚呈現。

和YouTube相關的 森之家 Q & A

Q 成為YouTuber之後有帶來什麼改變嗎？

A 家裡變得更漂亮整齊了（笑）。開始製作影片後，因為有很多人透過我的頻道認識我，也促成了這本書的出版，在此向大家致謝。

訂閱人數10萬人的獎牌

Q 製作影片上有什麼最講究的事情嗎？

A 重視一般家庭主婦的觀點，不要做超過能力所及的事。比起要讓影片看起來很花俏，我更在意看影片的人會不會跟著做做看呢？如果我的影片能讓大家的家裡變得舒適整齊的話，我會感到很開心。

Q 目前為止最受歡迎的影片是？

A 「有買真是太好了！49元商品排行榜BEST 10」，這部影片瀏覽次數已經超過300萬。因為我常去49元商店挖寶，這個系列已經變成常態性企畫了。

Q 在持續製作影片的過程中，生活有什麼變化嗎？

A 最初我是因為想要把家裡變漂亮而製作影片，但是漸漸地，我更在意使用上的便利性。在已經收拾過的場所，再三檢視而重新收納整理，這樣的事情也發生過好幾次。

Q 接下來有什麼新目標嗎？請與大家分享。

A 最近，我終於整理了一直以來塞滿物品的壁櫥，並且製作了影片呈現在大家面前，接下來我的目標是東西已經滿到爆炸的儲藏室。我想持續以自己的步調整理下去。

\ FINISH /

5

影片剪輯

我很重視影片裡的聲音和節奏是否吻合。有時會將影像刪除，單獨加入字卡或背景音樂。一部長度15分鐘的影片，剪輯就要花上2、3天。老公是我的第一個觀眾。

4

拍攝第2天

拍攝的地點除了要確認背景是否乾淨，也要檢視觀眾是否容易看得清楚，每一個環節都要謹慎地進行。讓人看了有壓力的冗長內容，就要思考是否需要加入快轉特效。

CHAPTER 6

打造與貓咪一起生活的家

因為家裡養了三隻貓，
我們家目前的生活型態與格局設計，
都必須考量到貓咪的安全。
貓咪可能會爬到有危險的地方，或是進入縫隙中，
以人類的眼光看來很危險的行為，
對牠們來說卻是家常便飯。
我希望貓咪們能夠擁有安全的生活環境
因此打造出兼顧人貓需求的空間是很重要的。

貓咪和居家設計

預測貓咪可能會爬上去的地方或是會鑽進去的縫隙，
盡可能減少會讓貓咪受傷的危險場所。

通道上不要放東西是對貓咪的體貼

貓咪喜歡在有高度的空間跳上跳下，通道上如果放置雜物的話，貓咪可能會誤踩，或是把東西打下來。因此，為了讓貓咪在經過什麼地方都不會有危險，要事先把所有東西收好，不要隨意擺放物品。除了要照顧貓的感受，也要用心打造出對人類來說也方便的生活動線，這樣才是同時照顧到人貓需求的舒服住家。

兼顧貓咪的自由度和空調效率

為了提升空調的運轉效率，人在一樓的時候，我會把樓梯的捲簾拉下來。但是為了讓貓咪能隨意來去，稍微留一點點縫隙讓牠們能夠自由活動。

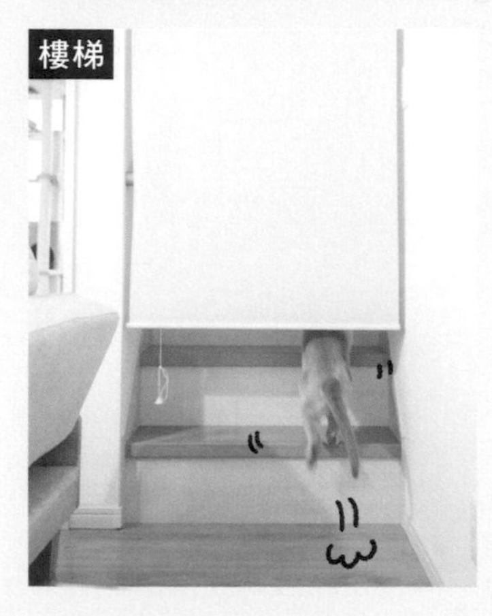
樓梯

客廳

讓貓咪安心地盡情地奔跑

客廳是人類和貓咪都會長時間停留的場所，為了能好好地放鬆休息，要盡量減少放置雜物。另外，為了防止貓咪跑出去室外，客廳和玄關之間設計了拉門。

使用各種方法來守護貓咪的安全

避免貓咪鑽入縫隙的安全措施

洗衣機下方的空隙，貓咪可能會鑽進去，但人的手卻伸不進去，家中有不少如此類的危險空間。事先裝上網架，盡量做好讓貓咪不會鑽進去的裝置。

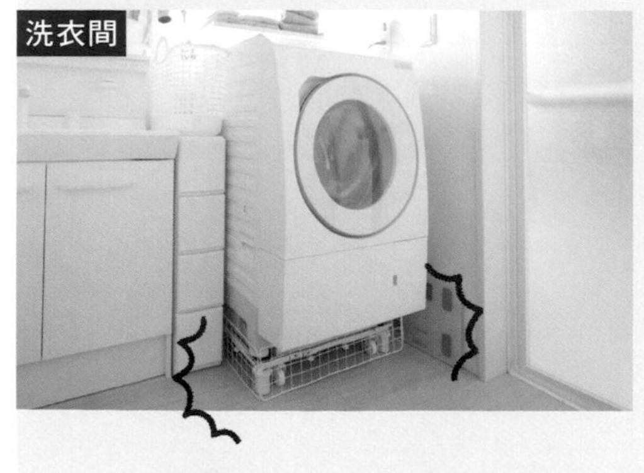
洗衣間

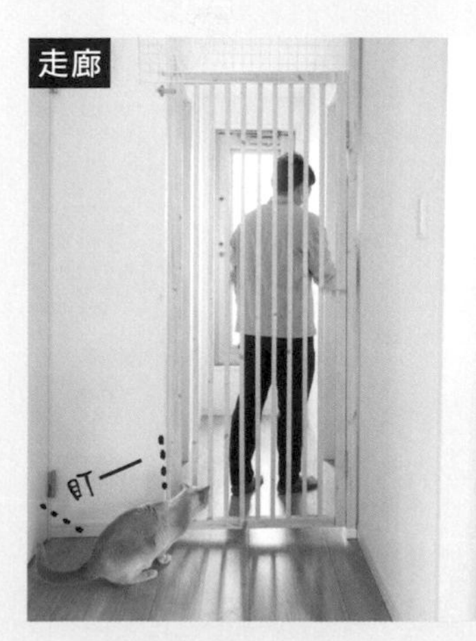

走廊

防止貓咪闖入的木門

因為走廊後方是貓咪禁止進入的區域，特意製作了預防貓咪進入的木門。可以透光的門，是我自己購買木材DIY做成的。

IDEA for CATt

要教導貓咪遵守規則是很難的，特別是對養了很多隻貓的飼主來說。貓咪在人沒看到的時候，也會自己跑來跑去到處玩，這些都是司空見慣的事。為了讓牠們不管在哪裡、不管做什麼都不會發生危險，在家一定要養成用完東西後能馬上收拾的習慣。只要確實做到，就不用怕貓咪會把什麼打下來而弄壞，也不用擔心貓咪會誤食物品、或是踩到什麼而受傷。養成隨手收拾的習慣，剛開始或許會很辛苦，但這不只是為了貓咪，也可以保持家中整潔。

防止貓咪因誤食或物品破損而受傷

廚房對貓咪來說是最危險的區域。食物或刀具全部都要收好，易碎品要放到貓咪不會碰觸到的位置，清潔劑浸泡著東西等行為也NG。

廚房

貓咪的日常

好奇心旺盛且有點任性的貓咪們
在我們家舒適又愜意的日常生活。

有高的地方就會跳上去。
貓咪們的活動範圍很廣

樓梯或是櫃子上面等地方，對貓咪們來說就是玩耍的場所，所以會自由地跳來跳去。貓跳台則是讓貓咪們上上下下，或是磨磨爪子、睡個午覺的場所，牠們非常喜歡。

有洞就鑽！
變成躲貓貓的地方

只要有10cm以上的空隙，貓咪就會立刻鑽入，並且佔領那個空間。廚房層架上的籃子，裡面沒有放任何東西，是我特意空下來當成給貓咪睡午覺的地方。

吃得美味，永遠都健康

貓食光

貓咪的飲食管理，也是我家重要的日常工作。打造出一個讓貓咪吃飯、喝水都方便的用餐環境，對我來說是理所當然的，因為是要長時間擺設的東西，所以選擇了能和房間或室內設計融合在一起的餐具。

隨時都能吃的任食制飼料

因為三隻貓都吃一樣的飼料，所以就以開放式的飼料任食。鋼製架子和陶器組成的飼料碗購自日本品牌tower，大容量的設計，可放入三隻貓一天份的飼料。

方便貓咪喝水的高腳飲水碗

稍微有一點高度的飲水碗，對貓咪來說，這個角度不用低頭就能輕鬆地喝到水。我喜歡它十分俐落的設計。

用簡單的風格和室內設計融合在一起

為了讓貓咪水碗看起來像家飾擺設一樣，把水碗設置在走廊。我也很滿意它容易清洗的設計。

用小盤子裝零食

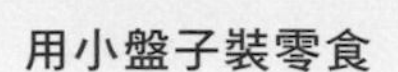

偶爾獎勵貓咪所給的零食，則是用小盤子裝，每次只會給一點點。避免被貓咪找到，請貓奴們要好好收在抽屜裡，立起來存放喔。

喝水的空間用白色來統一

為了配合房間的色調，選用白色的水碗。貓咪容易罹患腎臟病，所以養成喝水的習慣很重要。為了讓牠們在哪裡都能喝到水，家裡設置了好幾個水碗。

清除臭味，讓外觀看起來乾淨整潔

廁所

貓咪上廁所的地方會有貓尿味，大家應該都想極力隱藏吧？其實也不一定非這麼做不可。選擇白色的貓盆和貓砂，就能和房間的色調融合在一起。一發現貓咪使用過廁所就馬上清掃，勤快是防止臭味四散的不二法門。

將貓砂盆集中在一個地方

三隻貓的數個貓砂盆，全部集中在一個地方，讓存在感降低，也能避免臭味影響到其他房間。旁邊蓋上蓋子的是牆壁上的插座孔，以確保貓咪的安全。

不要累積，立刻清理

一旦產生排泄物，立刻動手清理，是讓家中保持乾淨、不會聞到臭味的祕訣。貓砂鏟隱藏在貓盆的後面，不容易被看見。

貓咪通往廁所的路要經常保持暢通

貓咪的廁所在1樓，為了讓貓咪想上廁所時從2樓也能立刻下來，要保持路線暢通，讓貓咪能經常自由來去。

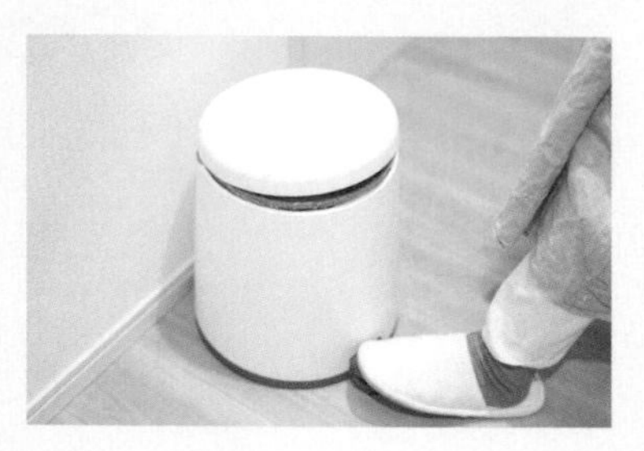

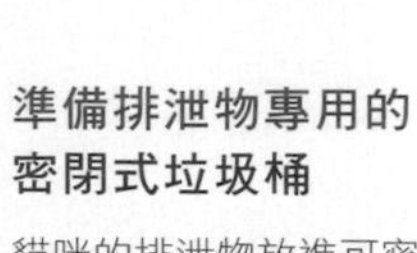

準備排泄物專用的密閉式垃圾桶

貓咪的排泄物放進可密封的袋子裡，再放進不會讓臭味溢出來的垃圾桶。腳踏式垃圾桶不沾手，很方便。

貓咪用品收納點子

飼料的保存也十分賞心悅目

把原本色彩華麗的飼料包裝袋拆掉，另外裝進密封罐裡，美觀之外也能保持新鮮度。

將色彩繽紛的玩具藏起來，才會整齊

大部分貓咪玩具的顏色都十分鮮豔，仔細分類後，全部藏在抽屜裡。

可以自由活動的環境對貓咪來說很重要

玩耍

飼養在家中的貓咪，即使不狩獵也不會餓肚子，所以體重過重或失智症的風險比較高。為了避免貓咪運動不足，家裡到處都準備了貓跳台或玩具。當然，也選擇了和房間融合在一起的顏色。

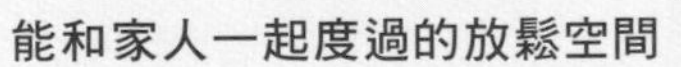

睡午覺和磨爪子都在貓跳台

直立放置就很穩固的獨立式跳台，除了附有爬到高處的頂天式跳台，其中還設計了睡床和貓抓板等用品。

具有顆粒質感的珪藻土腳踏墊

因吸溼快乾而聞名的珪藻土，或許是因為表面的顆粒質感與貓砂很類似，貓咪很喜歡在這裡滾來滾去。

磨爪子和運動一舉兩得

貓跳台的柱子可以讓貓咪做攀爬運動，同時也是可以磨爪子的貓抓板，兩全其美的設計。

能和家人一起度過的放鬆空間

在人類用來好好休息的客廳裡，也放了貓咪的睡床和地毯等等，準備了好幾個讓貓咪可以舒服待著的地方。

貓砂統一放在玄關

有重量的貓砂在網路上一次買齊，全部存放在玄關。整齊排好，看起來就會清爽整潔。

細長的物品就立起來收納

貓咪的零食或採尿用的器具等細長物品，一律立起來放在有分隔板的儲藏盒裡。

貓咪的生活用品

讓空間保持整齊清爽的祕訣，
就是選擇設計簡單的物品。

E 貓隧道

隧道型的玩具，在我們家的「貓咪室內運動會」時間一定會派上用場。當貓咪穿過隧道，從正中間的洞洞鑽出來的瞬間，總讓人忍不住按下快門。

F 吊床

懸吊式的貓睡床，是貓咪們很喜歡的地方。在陽光充足的時候，總是有哪一隻貓懶洋洋地出現在這裡。

C 水碗

受陶瓷和木頭的異材質混搭吸引，購買自網路商場的水碗。瀏覽IG時偶然間看到廣告就點進去看看，有時候也會被網路上的廣告推坑。

D 貓抓板

簡單的瓦楞紙貓抓板。貓咪每日必抓的貓抓板可以說是消耗品，統一選擇不會佔空間的款式，一次購買好幾個備用。

A 水碗

為了讓貓咪容易喝水，使用貓咪喜歡的寬口、有高度的水碗。為了配合房間的氛圍，選擇白色單一顏色的簡單設計。

B 玩具

粗粗刺刺的質感，是HANA最喜歡用臉去蹭的玩具。對單一顏色又時尚的黑色設計一見鍾情而購入。

K 水碗

日本貓咪用品品牌「貓壹」的水碗。附有計量器，能夠掌握貓咪的喝水量，藉此監督貓咪的健康。

L 自動給水器

由於有些貓咪喜歡喝會流動的水，所以也準備了可以流出水的噴泉式給水器。只喝這種新鮮水源的毛小孩也不少。

I 凳子

乳牛造型的凳子，中間有一個洞，不管是凳子上方或是洞洞裡面，都可以讓貓好好放鬆休息。在網路上一看到就很喜歡，立刻購入。

J 珪藻土腳踏墊

據說原本是在沙漠中生活的貓咪，很喜歡像砂一樣顆粒質感的珪藻土腳踏墊。經常可以看到貓咪在上面滾來滾去的可愛動作。

G 裝鬍鬚的盒子

偶爾會掉落在地板上的貓咪鬍鬚非常珍貴。購自3COINS的「HIGE」木盒裡（HIGE是日文的鬍鬚之意），把三隻貓咪的鬍鬚集中置放，十分愛惜地收藏起來。

H 逗貓棒

黑白色調的逗貓棒有著穩重的氣息，因為外觀看起來成熟又時尚而購入，平時放在沙發的縫隙裡。

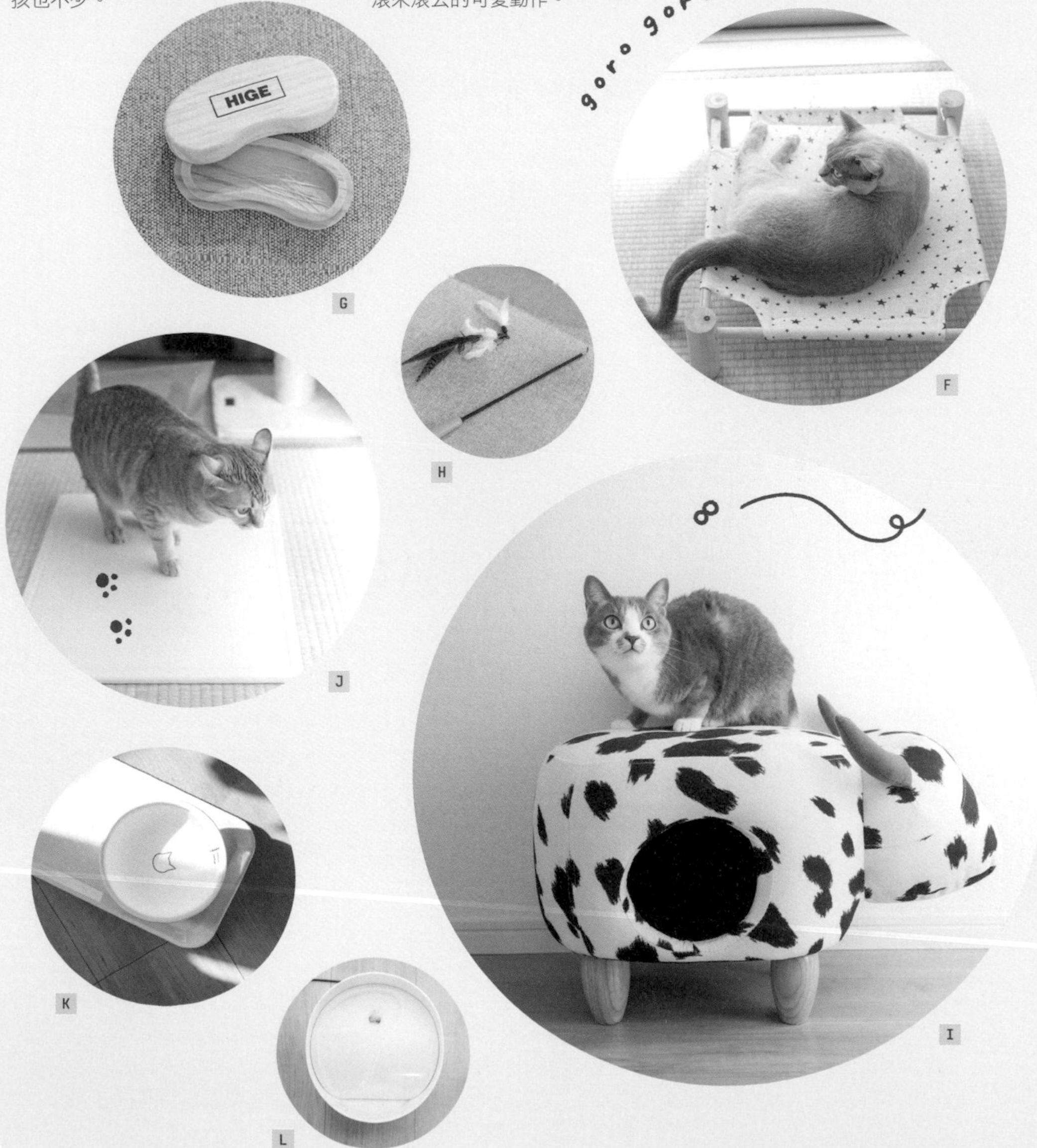

好物清單

根據實際使用一段時間的經驗，介紹我持續愛用中的收納用品。

無印良品

簡單的顏色、質感與設計，在每個地方都能整齊美觀地收納。

聚丙烯立式斜口檔案盒

A4用・白灰色
寬10×深27.6×高31.8cm／P52

A4大小的資料也能放進去，最適合用於整理文件。我很喜歡白色不透明的設計，可以將內容物隱藏起來，完美融入客廳氛圍。

聚丙烯檔案盒 標準型寬

白灰色・1/2
寬15×深32×高12cm ／P79

把寬度不一樣的檔案盒組合在一起，放進收納櫃後，大小剛剛好。雖然是普通的盒子，但只要並排在一起使用，就給人簡約時尚的印象。

聚丙烯檔案盒 標準型

白灰色・1/2
寬10×深32×高12cm／P54

放在電視櫃下面的抽屜中使用。可以把電線類等整齊地收在一起。使用方式也很自由，最多可以堆疊到三層，配合空間來應用。

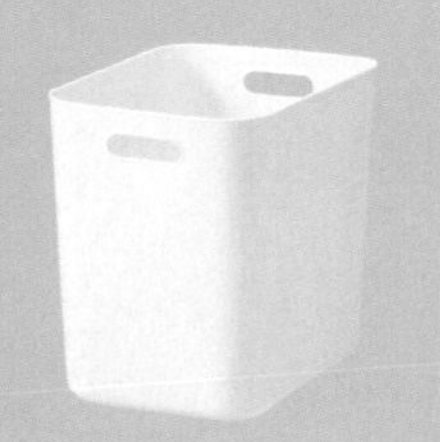

軟質聚乙烯收納盒 深

寬25.5×深36×高32cm／P65

跟中尺寸的收納盒比起來，高度增加了一倍，可收納有高度的東西。角落做成圓弧形狀，滑溜的觸感，我喜歡使用在壁櫥收納中。

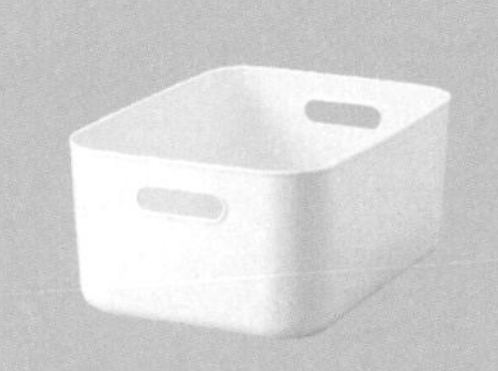

軟質聚乙烯收納盒 中

寬25.5×深36×高16cm／P65

因為材質柔軟、底部滑滑的，拉進拉出不會卡卡的，取放容易。如果另外加購蓋子，就可以堆疊起來收納。

聚丙烯立式斜口檔案盒・寬

A4用・白灰色
寬15×深27.6×高31.8cm／P52

寬度比較寬的檔案盒。可把使用說明書等體積大的文件整理在一起保存。收納在客廳或壁櫥裡，方便隨時查閱。

可堆疊藤編長方形籃 特大

寬36×深26×高31cm／P52

可以剛剛好放進層架的格子裡。為了把收納物藏起來，選擇底比較深的款式。也能避免貓咪觸碰到裡面的東西而發生危險。

組合收納櫃 抽屜4段

橡木材質
寬37×深28×高37cm／P52

體積小巧，可以輕易放入層架的格子裡。把藥品、電池、裁縫工具或文具等在客廳會用到的瑣碎物品統一放在這裡，聰明完成「迷你收納」。

自由組合層架 5層×2排

橡木材質
寬82×深28.5×高200cm／P52

直向、橫向都能使用的格子櫃。木頭的材質可以完美融入客廳氛圍，展示陳列和藏起來收納兩者皆可。可以另外購買尺寸相符合的藤籃或抽屜。

PP抽屜整理盒・3

寬6.7×深20×高4cm／P90

用在彩妝刷、眉筆或唇膏等化妝品的整理。沾染灰塵的時候，只要輕輕擦拭即可潔淨如新。可以另外購買隔板，最多可以分隔成8格。

壓克力間隔板 3間隔

寬13.3×深21×高16cm／P44

放在廚房的冰箱旁邊，可以把托盤立起來收納。材質透明，不影響廚房顏色的一致性。如果要放置紙袋，建議選購寬度26.8cm的款式，比較方便。

聚丙烯溼紙巾盒

寬19×深12×高7cm／P71

放在廁所裡使用，能直接把補充用溼紙巾連同包裝袋直接放進去。蓋子輕輕一推即可打開，溼紙巾也不容易變乾，超級方便的工具。

PP附輪收納箱・2

寬18×深40×高83cm／P45

寬度18cm的款式，最適合用在廚房櫃子和冰箱之間的空隙。適合用來收納塑膠袋或廚房用品，也很推薦放在比較狹窄的場所。

尼龍網眼 袋內袋

A4尺寸用 縱型・灰色
寬34×深27×高3cm／P89

包包內的收納必備品。網眼材質十分輕巧，一眼就能看到內容物，換包包的時候也只要整包移過去即可。配合包包的樣式，也會使用縱型的包中包。

PP光碟片收納夾

2段・20片用(40個收納袋)
寬15.4×長27.3cm／P54

用來存放喜歡的DVD。不織布製，不容易刮傷光碟片，材質耐用，拿取和放回都很輕鬆。雖然現在使用DVD的人不多了，但我仍長年愛用中。

SUS鋼製層架組

小・亮面淺灰・9S
寬58×深41×高83cm／P65

用在壁櫥裡，可自由組裝出自己想要的樣子。淺灰色的設計給人清爽的印象。鋼製材質十分耐用，如果另外購買零件，可以再往上增加高度。

PP抽屜整理盒・2

寬10×深20×高4cm／P90

使用在化妝箱裡面。因為尺寸較寬，最適合用來放眼影盤或粉撲，也很推薦放在較淺的抽屜裡收納文具等小物。

立式可收納聚丙烯手提文件包

A4用
高28※含把手×寬32×厚7cm／P90

和寬度不同的整理盒組合起來，就能當作化妝箱來使用。附有把手，因此可以輕鬆提著走。可以直立擺放也是難得的優點之一。

宜得利

可伸縮設計能配合不同的空間調整，最適合用於「藏起來」收納。

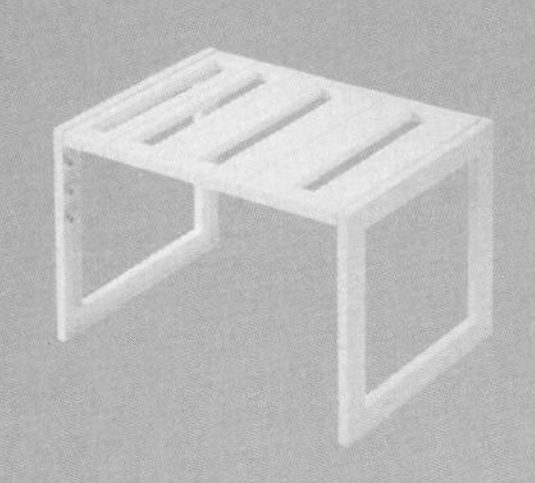

可調式伸縮收納架
CLANE

寬29～45×深32×高31cm／
P61

把上面的板子拆下來，就能避開洗手台下方的排水管來置入。架子的高度可做4段式調整，配合收納空間來使用。

伸縮餐具整理盒 雙向
WH N BRANC

白色／寬26～48×深26～48×高4.5cm／
P47

用在刀叉湯匙等餐具類的整理。直向與橫向都可自由調整尺寸，所以可配合餐具的品項、數量和大小來放置。

瀝水網碗盤平底鍋架

寬46.5～86.5×深20.5×
高17cm／P41

可移動的鐵絲架能夠調整出各種尺寸，不同大小的平底鍋和鍋子等等，都可用剛剛好的空間放入。把東西立起來收納，拿取和放回都很輕鬆。

收納盒SOFT N INBOX
標準型

白色
寬38.7×深26.5×高23.5cm／P67

固定放在玄關的鞋櫃裡，用來收納清潔劑、清潔用溼紙巾等日用品的地方。邊角圓潤，材質柔軟且輕巧，使用起來安心又舒適。

收納盒SOFT N INBOX
橫式半格型

白色
寬38.7×深26.5×高11.7cm／P59

把洗衣間的清潔用品或洗衣網等收在裡面。總共有三個把手，不論是直向放置或是橫向放置都容易拉出來。

浴室磁吸式
肥皂盤

白色
寬13.5×深8.1×高5.6cm／P58

可直接固定在浴室的牆上，底部有排水力佳的出水口，清潔起來也十分簡單。建議裝設於光滑的牆壁，其他壁面可能容易掉落。

抽屜式收納盒N INBOX 3DR WH
窄高型．三層

白色
寬19.2×深26.6×高35.4cm／P61

可以好好收納香皂、替換用的牙刷和泡澡劑等瑣碎物品。抽屜高度8.2cm，也可以放進稍微有點高度的東西。

收納整理盒CLANE
HIGH L型

白色
寬13×深32.1×高24.1cm／P61

專門收納比較高的瓶瓶罐罐，例如清潔劑的補充包、牙膏等等，放進具有高度的收納盒裡，收到洗手台下面，聰明地把華麗的瓶子隱藏起來。

收納整理盒CLANE
LOW橫式半格型

白色
寬13×深32.1×高12.2cm／P61

因為和左圖「HIGH型」的款式顏色和深度相同，同時使用就能讓居家擺設產生一致性。瑣碎的盥洗室用品一律收納在這裡。也可選擇透明的款式。

兼顧便利性和設計感的便利用品，最常出現在臥房等空間。

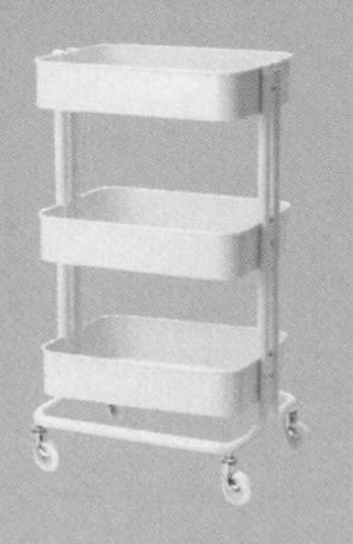

RÅSKOG推車

白色
寬35×深45×高78cm／P74

把臥房裡以及就寢時會用到的東西分門別類，例如眼罩、遙控器或簡單的打掃工具等，整齊放在推車裡。利用輪子移動，拿取非常輕鬆。

SKUBB收納盒

白色
寬44×深55×高19cm／P74

用來收納非當季的衣服或寢具，避免沾染灰塵。收納箱上方裝設有拉鍊，直立放置也沒問題。透氣性佳，可阻絕溼氣以避免發霉。

SKUBB收納盒

白色
寬31×深34×高33cm／P80

使用在工作室的衣櫥上層，用來收納圍巾等使用頻率較低的衣物。有直向的把手，即使放在高處也容易取出。

BESTÅ附門收納組合

白色/hanviken/stubbarp白色
寬120×深42×高74cm／P79

收納著書本和印表機等工作上必備，但不想讓人看到的東西。低矮的收納櫃不會帶來壓迫感，卻有超越外觀的大容量。

KOPPANG抽屜櫃・抽屜×5

白色
寬90×深44×高114cm／P80

全白的抽屜櫃搭配黑色把手，看起來十分俐落，我很喜歡的簡約設計。第一層的淺抽屜放飾品類，較深的下層抽屜放折疊起來的衣物。

ALEX抽屜櫃

白色
寬36×深58×高70cm／P78

和工作用的桌子並排放置，樸素的設計和房間的氛圍十分相配。抽屜有10cm和15cm兩種不同的高度，可依內容物自由使用，便利性高。

BOAXEL支撐架、壁條、安裝桿

寬40×深40cm、白色100cm、白色82cm／P74

使用在臥房衣櫥裡牆面收納的基礎3件組。另外追加購買支撐架以及加購的層板，就能大幅增加收納空間。

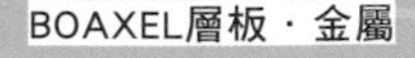

BOAXEL層板・金屬

白色
寬80×深40cm／P74

衣櫥裡的牆面收納層板。只要放在支撐架上即可，組裝起來很輕鬆。可配合不同的使用場所，組合成自己想要的樣子。

BOAXEL網眼式網籃

白色
寬80×深40×高15cm／P74

薄床墊、枕頭套等經常需要替換的寢具，統一放置在這裡。因為是網眼式的設計，所以透氣性極佳，可阻絕溼氣以避免滋生霉菌。

各式各樣價格親民的創意商品，堪稱是收納整理的最佳幫手！

TOWER POCKET SHELF
洗手台用4格收納架

寬4.7×深16.1×高6.5cm／P60

放在洗手台的三門鏡櫃裡，可有效活用狹小的空間。直線型的設計，不論是直的或橫的都能放，可整齊收納唇膏、小剪刀等美容小物。

飾品收納盒（格子）、
飾品收納盒（戒指收納）

皆為寬11.5×深15.4×高2.4cm／P81

平放在抽屜櫃的淺層抽屜裡，像飾品店一樣地陳列擺放，每次看到就感到心情愉快。格子可以拆下。

懸掛式收納袋
（床用）

寬33×深0.4×高30cm／P51

本來是用在床墊和床框之間的用品，在我家則是懸掛在沙發的側邊，用來放容易隨手亂丟的遙控器。

冰箱便利收納盒分隔板
伸縮式

寬3×深7.9～12×高5cm／P48

放在冰箱門的分隔板，寬度從最小7.2cm到最大11.3cm可自由調整。能夠將管狀調味醬或瓶瓶罐罐分開，防止在開關冰箱門時倒下。

展示陳列架
寬型

寬22×深12×高12cm／P49

因為上下都能放東西，所以能有效活用冰箱裡的直向空間。我會在上層放粉類的容器。透明的款式不會太顯眼，清洗起來也很容易。

按壓式開關保存容器
1.4ℓ、500mℓ

寬7.5×深6.5×高14cm、
寬9×深10×高18cm／P43

單手按壓就能開關的保存容器，十分方便。裡面放了洗碗機用的清潔劑等，從上方或從旁邊都能看清楚還剩下多少量。有350mℓ～4ℓ共4種容量可選擇。

6孔活頁資料夾 白
6孔用卡片收納補充用內頁（3張入）

長22×寬14.7×厚2.5cm、
長19.5×寬10cm／P97

整理財務用的資料夾，可自由組合補充內頁。把存摺、卡片類等金錢相關物品統一收納在這裡，每個月的收支變得一目瞭然。也可以貼上貼紙或標籤來使用。

磁吸式
肥皂掛架

寬3 .5×深6×高6.1cm／P60

可以吊起來收納的肥皂掛架。用雙面膠貼在牆壁上，把金屬釦塞進肥皂裡即可。因為肥皂不會接觸到洗手台，不僅可讓使用期延長，洗手台也不會濕濕黏黏的。

飄浮海綿吸盤架
UK!UK! mini

直徑3.5cm／P39

爪子的部分可以勾住海綿，海綿使用後可隨手吊起來，瀝水能力極佳。只要在流理檯水槽的側面用吸盤吸住即可安裝完成，簡單又節省空間。

其他

在網路商店搜尋到或偶然被推坑的商品，竟然出乎意料地好用！

山崎實業
磁吸式＆吊掛式
水杓 tower

寬29.5×深27×高9cm／P57

為了避免發霉，選擇能夠快速晾乾的浴室用品很重要，因此水杓也選擇能夠磁吸壁掛的款式。除了壁掛，也能用掛勾把水杓掛在桿子上。

山崎實業
磁吸式浴室
多機能收納架 tower

寬22×厚11×高12cm／P58

集置物架、吊掛架、掛勾於一身的高收納力商品。從毛巾、牙刷到清潔劑都能放，可以把浴室用品統一整理到同一個地方來收納。

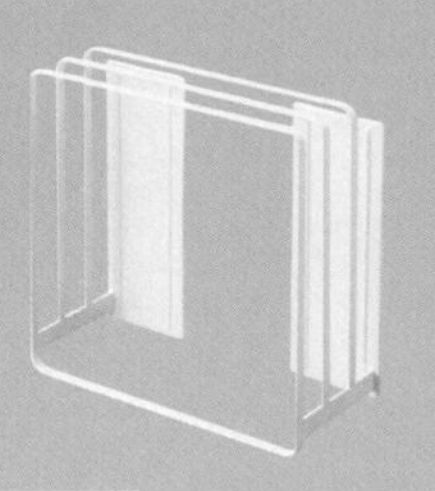

山崎實業
速乾磁吸式
浴室蓋板架 tower

寬26 .5×厚10.3×高25cm／P57

能讓浴缸蓋板吊起來放置。因為有分隔開來，很快就可以晾乾蓋板上的水氣，這是我最喜歡的一點。磁吸式的設計，可以輕鬆裝設在牆上。

3COINS
燙衣墊熨斗收納袋

寬65×高50cm（打開時的尺寸）

平時是收納熨斗的袋子，攤開後就可以當作燙衣墊使用。一個動作就能完全攤開，熨燙各種衣服都非常足夠的大尺寸。耐熱溫度是200℃。

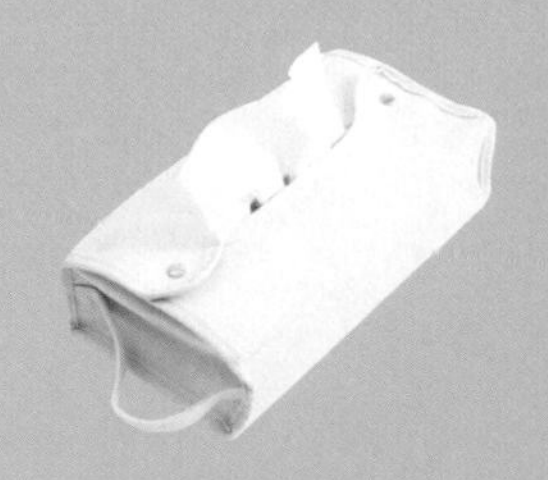

3COINS
棉質面紙盒

寬26×深14×高7cm／P51

給人清爽感的棉質質料，顏色也和客廳氛圍十分相配。可以直接放在桌上也可以懸掛起來使用，換裝面紙時也很簡單。

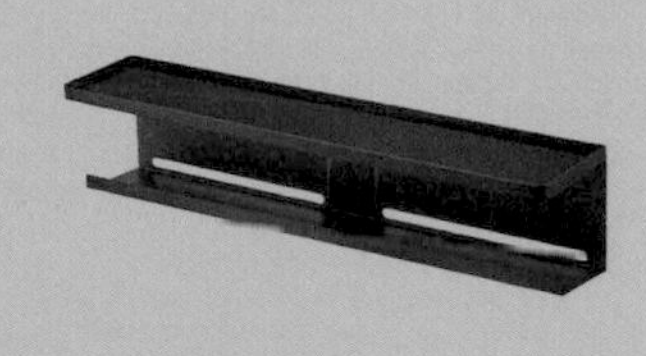

山崎實業
電視背面收納架 smart

寬57×深11×高12.5cm／P93

使用在電視背面的空隙，可以整齊收納遊戲機和各種電線。適用於符合「VESA規格（編註）」的40吋以上電視。

三輝（sanki）
補充包專用定量擠壓器

3個一組
長25×寬17cm／P58

只要套在補充包上，就能把色彩鮮艷的外包裝藏起來。防水性和防污性極佳，也能保持內容物的清潔。※擠壓器、掛勾頭要另外購買。

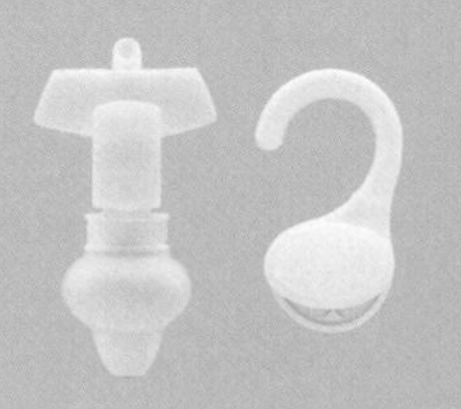

KAKUDAI
補充包專用擠壓器

擠壓器全長9.6cm、掛勾頭全長7.4cm／P58

裝在洗髮精等液體用品的補充包上就能直接使用，省下把補充包倒進容器裡的步驟，而且連最後一滴都能徹底用完。

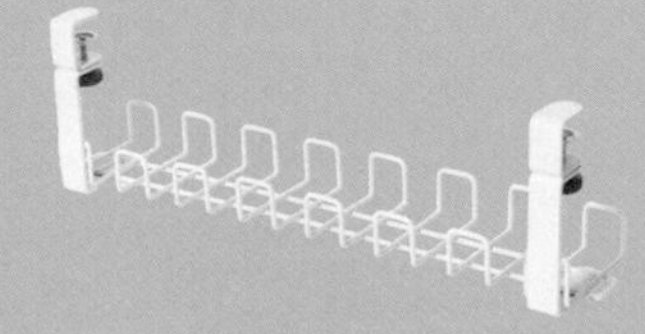

Garage
鐵網電線收納架（L）

寬63.7×深12.5×高19cm／P92

整理電腦後方的電線、延長線的線材收納神器。裝在桌面下方，腳邊就會變得乾淨整齊。因為是鐵網型的構造，不容易堆積灰塵。

編註：VESA規格是指電視螢幕背後螺絲孔間的距離，標準的VESA規格會有4個螺絲孔，購買電視架相關商品前，請先確認產品提供的孔距與家中電視螢幕是否相符。

結語

感謝大家從眾多收納書之中，選擇了本書。

在製作這本書的時候，我重新檢視了從來沒有在我的 YouTube 頻道上公開過的和室壁櫥。

我家和室的壁櫥，可以說是「森之家的黑暗地帶」。隨著家中每一個空間的整理陸續進行中，和室卻累積了又多又雜的物品，整個地方塞得亂七八糟的。一開始，我謝絕將這個場所刊載在書中，但是角川出版社的伊藤先生希望能把這個部分加進去，雖然不願意，但我還是接受了建議，決定開始整理。

雖然已經決定好了拍攝日期，已經到了非要去面對壁櫥不可的地步，我還是遲遲無法動手。只要一打開壁櫥，就覺得鬱悶無比的空氣不斷散發出來。我心想著：「究竟該怎麼整理才好呢……」，就在我一邊看著壁櫥，一邊發呆的時候，我家的貓咪竟然跑了進去！當我回過神的時候，貓咪已經鑽到壁櫥深處、手碰觸不到的地方了。我那時非常緊張，因為壁櫥裡面放有對貓咪來說很危險的東西。

就在此時，我毅然決然地下定決心。「為了貓咪好，我必須把這裡改造成安全的壁櫥！」我思考著，「都要出書了不是嗎？」我一定要振作起來。

因此，從構思空間開始，前前後後大約花了三個禮拜，終於完成了壁櫥的收納工作（詳見本書第65頁）。

在每一次採訪、拍攝以及製作書籍的會議中，我從中得到了很多啟發。平常我都是一個人默默地拍攝、剪輯YouTube影片，一直過著很少和人接觸的日子。但是，本書的製作需要與很多人合作。有幸跟許多專家們一起共事，反覆從失敗中找出做好每件事的方法，一邊在錯誤中摸索、一邊逐步完成現場的拍攝工作，我在大家身邊就近觀摩，從中學習前輩們到對於做事的嚴謹態度。與此同時，我也終於完成了一直以來掛念著的壁櫥收納，感覺心情終於豁然開朗了起來。

衷心感謝給我這個機會的伊藤先生。如果這本書能夠成為讓大家重新檢視家中收納的契機，那真是我的榮幸。

森之家

台灣廣廈國際出版集團 Taiwan Mansion International Group

國家圖書館出版品預行編目（CIP）資料

不留空隙的聰明收納：活用家中的縫隙與角落，將「貓設計」融入日常生活，第一本兼顧人貓需求的整理書 / 森之家著；胡汶廷翻譯. -- 初版. -- 新北市：台灣廣廈, 2023.11
面； 公分
ISBN 978-986-130-598-1（平裝）
1.CST: 家庭佈置 2.CST: 空間設計 3.CST: 寵物飼養

422.5 112012645

不留空隙的聰明收納

活用家中的縫隙與角落，將「貓設計」融入日常生活，第一本兼顧人貓需求的整理書

作　　者／森之家
翻　　譯／胡汶廷

編輯中心編輯長／張秀環・**編輯**／周宜珊
封面設計／何偉凱・**內頁排版**／菩薩蠻數位文化有限公司
製版・印刷・裝訂／東豪・弼聖・秉成

行企研發中心總監／陳冠蒨
媒體公關組／陳柔彣
綜合業務組／何欣穎

線上學習中心總監／陳冠蒨
數位營運組／顏佑婷
企製開發組／江季珊

發 行 人／江媛珍
法 律 顧 問／第一國際法律事務所 余淑杏律師・北辰著作權事務所 蕭雄淋律師
出　　版／台灣廣廈
發　　行／台灣廣廈有聲圖書有限公司
地址：新北市235中和區中山路二段359巷7號2樓
電話：（886）2-2225-5777・傳真：（886）2-2225-8052

代理印務・全球總經銷／知遠文化事業有限公司
地址：新北市222深坑區北深路三段155巷25號5樓
電話：（886）2-2664-8800・傳真：（886）2-2664-8801
郵 政 劃 撥／劃撥帳號：18836722
劃撥戶名：知遠文化事業有限公司（※單次購書金額未達1000元，請另付70元郵資。）

■出版日期：2023年11月

ISBN：978-986-130-598-1